「孫子の兵法」で勝つ仕事えらび!!

――戦わずしてつかむ、就職・転職・起業――

長尾一洋

NAGAO KAZUHIRO

集英社

はじめに

「孫子《そんし》の兵法」とは？

「孫子の兵法」とは、今からおよそ2500年前の紀元前500年頃、中国春秋時代の斉《せい》の国に生まれ、呉《ご》の国王に仕えた兵法家、孫武《そんぶ》が著したとされる、最古にして最強の兵法です。孫子とは、孫武を「孫先生」という敬称つきで呼ぶ意味と、孫武が著した書物を指す意味とがあります。本書では、特に断ることがなければ、兵法の書かれた書物を『孫子』と呼びます。兵法とは、戦争の方法を説くものであり、戦い方の極意やリーダー（将軍）としてのあり方などが書かれています。

戦争が題材なだけに、古典の授業にはあまり出て来ないと思いますが、司馬遷《しばせん》が書いた『史記《しき》』にも、兵法書として広く読まれていたという記述があり、『三国志』で有名な魏《ぎ》の曹操《そうそう》も『孫子』の注釈書を残しているくらいですから、紀元前から現代まで、2000

年以上にわたって高い評価を得てきたものであることは間違いありません。

日本には、八世紀に遣唐留学生の吉備真備《きびのまきび》が持ち帰ったとされ、戦国時代の武田信玄が「孫子の兵法」を引用して「風林火山」の旗印を使っていたことが有名です。江戸時代には、荻生徂徠《おぎゅうそらい》や吉田松陰も『孫子』の解説書を残していたりします。

現代では、松下電器(現在のパナソニック)を興した松下幸之助や、マイクロソフトを創業したビル・ゲイツ、ソフトバンクの孫正義社長など有名な企業経営者たちが愛読し、経営の参考にしたりしているのです。

このように、**洋の東西を問わず、2000年以上にわたって、戦争に限らず組織運営やビジネスにも応用され、高い評価を得ている「孫子の兵法」を、就職活動や進路えらび、転職など仕事えらびに役立ててもらう**ことが本書の目的です。

その案内役の私は、『孫子』を現代のビジネスに応用し企業経営や仕事の仕方をアドバイスする「孫子兵法家」です。一般には、「経営コンサルタント」と呼ばれたりもしますが、「孫子の兵法」を現代の人にも分かりやすく解説し、仕事に活かしてもらうのが私の得意分野なのです。

そこで本書では、進路や就職を考え始めるであろう17歳の高校生から、就職活動で悩む大学生や専門学校生、実際に仕事をしてみて壁にぶち当たる若い社会人を対象に、「孫子の兵法」を応用して就職や仕事にどう臨むべきかを「孫子流」仕事えらびとして解説してみたいと思います。

私は、「孫子兵法家」を名乗っていますから、「孫子の兵法」を勉強し研究しているのは当然ですが、『孫子』だけに詳しくてもダメで、ビジネスや仕事や就職（採用）にも詳しくないと、『孫子』を仕事えらびにうまく応用できません。これについて、まず私には、自分自身の就職活動やサラリーマン体験があります。そして、30年ほど経営コンサルタントとして多くの企業を見、経営者と会い、その企業の人材採用にも関わってきました。何しろ私の最初に出した本は『小さな会社が新卒5名を確実に採用する本』という採用方法の解説本でした。さらに、1991年からは自分の会社を経営しながら、ほぼ毎年新卒採用を行ってきましたし、中途採用も行っていますので、多くの採用面接を実際に行っています。今も自社の説明会では自ら学生さん向けに話をしますし、最終面接は私が行って採否を決定しています。

もう1つ加えると、進路や就職活動に悩む子供の親としての実体験もあります。私には三人の息子がいるのですが、彼らの親として相談に乗り、アドバイスし、一緒に悩んだりもしました。ですから、親御さんの気持ちも分かるつもりですし、もっと息子たちにこういうアドバイスをしておけば良かったとか、伝えたつもりがうまく伝わっていなかったという反省点もあります。

本書では、このような私の実体験やビジネス経験と「孫子の兵法」に詰まった珠玉の智恵をスパークさせ、コラボさせ、融合させて、仕事えらびや就活のヒントをお伝えしたいと思います。

もくじ

第1章 『兵は国の大事なり』⇒「就職は人生の大事なり」、まずはその理解から始めよう!

第2章

『彼を知り己を知り地を知り天を知る』⇒「会社を知り、自分を知り、社会を知り、時流を知る」ことができれば、人生に勝ち、自分に負けない仕事えらびができる！

第5章 『己を知る』
⇒「自分」のことを徹底的に見つめ直し、長所を活かし、短所を克服する作戦を立てよう！……111

第6章 『必ず人に取りて敵の情を知る者なり』⇒「スパイ」を使って「相手の情報」をつかみ、優位に立とう！

第10章 『戦わずして人の兵を屈する』

⇒視野を広げれば、「無理に戦わず人生に勝つ」という方法もある！

終章

ブックデザイン　金澤浩二（Genialöide INC.）
カバー・本文イラスト　サイトウユウスケ

※本書に記載した就活スケジュールや諸制度は２０１７年12月時点のもので、経団連の指針の変更などにより今後変わることもあります。「孫子の兵法」を活かして諜報活動を怠らず最新の情報をキャッチしてください。ただし、ルールの変更などがあっても本書の基本的な考えは変わりません。『人を致して人に致されず』で仕事えらびに取り組んでください。

序章

「孫子流」仕事えらびを知れば、人生に勝ち、自分に負けない！

人生は戦いであり、競争もあり、偏差値もあり、ランキングもある！

ところで、なぜ仕事えらびなのに、戦いの書、「孫子の兵法」を参考にすべきなのでしょうか？『孫子』の中身に入る前に、その必要性を考えてみましょう。

それは、**人生とは戦いであり、当然、競争もあり、受験にも偏差値があり、学校にも企業にもランキングがあるからです。**目の前の敵と命の取り合いをすることはなくても、人も動物の一種である以上、生き残るための戦いがあり、国や地域によっては飢餓で命を落とす人も少なくありません。日本は第二次世界大戦後、70年以上平和な状態が続いていて、平和が当たり前のようにも感じられますが、地球上では今日でも地域紛争が続き、最近ではテロ事件も頻発しています。

日本は平和だから良かったと安心している場合ではありません。日本でも富裕層と貧困層の格差が広がっていると言われていますし、人口減少と高齢化が進み、国自体の力が弱ってきています。高校生・大学生にもなれば、国が膨大な借金を抱えていること、高齢者が増えて介護制度や年金制度が破綻しそうになっていることを一度や二度は耳にしたことがあるでしょう。

平和で豊かな状態に置かれたら、他人を思いやり、自分のことを後回しにする余裕もあるでしょうが、生きるか死ぬか、食いつなげるかどうかという状態に陥れば、人を差し置いてでも自分だけが生き残ろうとしてしまうかもしれません。

そのような**生死を分ける究極の状態において、どのようにあるべきか、どのように動くべきか、どのように備えるべきかを教えてくれるのが、「孫子の兵法」**です。戦争している時には綺麗事やあるべき論を言っていられませんから、『孫子』には本音や本質がズバッと書かれているのです。

読者の皆さんも、すでに一度は受験戦争を戦ったはずです。二度、三度経験している人もいるかもしれません。あなたは受験戦争に勝ちましたか？　それとも負けましたか？

入った高校や大学によって、偏差値のランキングがあるでしょう。皆で仲良く同じ学校に行ければいいのに、別々に分かれてしまい、上と下、勝ちと負けに振り分けられていませんか？　仲の良い友人と同じ学校に行こうと約束したのに、一人は受かり、一人は落ちて、別の道を歩まなければならなくなったという人もいるでしょう。それで命を取られることはないけれども、人生には戦いがあり、その結果で差がついてしまうものなのです。

次の戦いは就職戦線？　出世競争？　経済戦争？

ちょっと古いですが、1991年に公開された『就職戦線異状なし』という映画があります。当時は、「バブル景気」が終わる頃で、学生優位の超売り手市場と言われた時代です。それでも有名人気企業への就職は厳しい戦いで、「就職戦線」だと言われたのです。今（2017年）はまた、売り手市場となり、「バブル期」以上の求人倍率となっていますが、やはり誰もが希望する企業に就職できるわけではありません。人気企業、有名企業、大企業への就職は多くのライバルがしのぎを削る戦いです。

どこかの会社に入社したら、それで戦いは終わり、ではありません。大企業であれば、同期入社は何百人……ヘタすると千人を超え、そこで今度は出世競争が始まります。同期だけではなく前後5年くらいがライバルになりますから、数千人のライバルの中で、課長になり、部長になり、役員を目指す戦い。

そして、もちろん企業としては競合他社と経済戦争、ビジネス競争をしています。出世などしたくないから出世競争は関係ないなどと言う人も、戦いと無縁ではいられません。仮に、社内の戦いに勝ち残っても、その企業がライバル社との戦いに敗れ、倒産するか、買収されたりすれば、せっかくの勝利も水の泡。やはり、**人生は戦いの連続であり、我々は戦いから目を背けることはできません。**

だからこそ、勝つための方法と戦いを避ける智恵が詰まった「孫子の兵法」が必要なのです。古ければ良いというものではありませんが、2000年以上も評価され続けているものには、それなりの価値があるのです。その智恵を使わない手はありません。

「人生に勝つ」とはどういうことだろう?

地球上には紛争や戦争があり、人が生きるには戦いや競争を避けることはできません。戦いには、負けるよりは当然勝ちたいわけですが、何を勝利とするか、勝つとはどういうことなのかは人によって違います。

『孫子』は、戦争の書ですから、どうやって敵国と戦うか、どう敵を攻撃するかばかりが書かれていると思いがちですが、実は、

戦わないのが最善の勝ち方だ

と教えてくれています。

戦いは必ずあるけれども、戦わなくて済むものは戦わず、どうしても戦わないといけない時もなるべく敵を傷めつけないようにせよ

と言うのです。

現代においても、戦争や戦いは必ずあるけれども、何を勝利とするかは、その人の考え方次第なのです。本書は、仕事えらびや就職に勝利するための本ですが、どのような勝利を目指しているかと言うと、**「人生に勝つ」ことを目指しています。**

希望の進路に進み、就職戦線を勝ち進み、出世競争を勝ち抜いて、経済戦争に勝利すれば、それに越したことはありませんが、戦いはずっと続いて行きますから、最終的に天国からお迎えが来た時に、「自分の人生は満足できるものだったな。自分の人生は勝利で終わったな」と感じられるかどうか。

死ぬ頃になって分かったのでは遅過ぎるという人もいるでしょうね。本書の読者が17歳からの比較的若い人たちだと考えると、40代になった時に、それまでの自分の人生を振り返って、「自分の仕事えらびは正解だったな。人生が良い方向に進んでいるな」と感じられれば「人生に勝ち」そうだと考えて良いことにしましょう。

ここで大切なことは、**他人と比べるのではなく、自分自身の実感として「満足」したり「納得」したり「充足」できているかということだと私は思います。**他人と比べて上なら満足、下なら負けと考えるのは、誰と比べるのかによっていくらでもコントロールできますから、自分より劣った人を見つけて、その人と比べて「あいつよりはましだ」と考えるような勝利では意味がありません。

ともかく、この人生の最終勝利に向けて、どのように進路や就職で戦うべきかを考えてみたいと思います。

「自分に負けない」とはどういうことだろう？

もう1つ、**本書が目指しているのは、「自分に負けない」ということです。**人生の勝負は死ぬまでの長丁場です。40代で一旦評価するにしても、17歳からだと20年以上ありま す。そこで、最終的に「勝った」と言えるかどうかと同時に、その道程、途中のプロセスで「自分はもうダメだ」「俺は負けた」「私は負け組だ」と、自ら自分に「負け」を宣告してしまわないようにしたいのです。

これも、他人と自分を比べてしまうことで起こりがちです。人生の勝負は長期戦だから、最後の最後、9回裏ツーアウトになってもまだ分からないわけですが、私たちはそこに至る道のりで、ついつい他人と比べて、負けている、勝っていると考えてしまいがちです。勝っていると思って油断してしまうのも良くないわけですが、困るのが、負けている、負けてしまったと思って、諦めてしまうこと。戦いを放棄してしまうことです。

人生にも野球と同じように審判がいて、5回とか7回で、コールドゲームを宣告されたのならまだしも、そんなことを誰も決めていないのに、自分で勝手に負けを認め、コールドゲームにしてしまって、グラウンドを去ってはいけません。

『孫子』は、負けないことを重視している兵法です。国が滅亡してしまってはリベンジもできません。敵にやられて命を落としてしまったら、逆襲もできなくなってしまいます。だから、まずは負けないことを優先して、その後で勝ちを狙えと『孫子』は教えてくれています。

人生の勝敗はそう簡単には決まらないのに、途中で自分が勝手に自分に対して負けを宣告してはいけないのです。これが自分に負けないということです。

「孫子流」仕事えらびとは?

では一体、「孫子流」仕事えらびとはどういうものか。何をもって孫子流の就活、転職だと言うのか。詳しくはこれからじっくりと説明して行きますが、ここで概要をお伝えしておきましょう。

『孫子』は、兵法ですから、「最終的には戦争に勝利すること」を目指しています。ただし、勝利すると言っても、目先の戦闘において勝つか負けるかを考えているわけではなくて、「国と国との長期戦を勝ち抜くこと」を考えています。だから、無用な戦いをしないようにし、戦うにしても勝つことよりも負けない備えを優先させました。そして、そのために情報を重要視したのです。今から2500年も前に、

占いとかお祈りとかで決めずに、きちんと情報を入手して、合理的に判断して、負けないようにしつつ最終的に勝利を収めるべきだ

と説いたのです。

相手のいいように振り回されるのではなく、こちらの思うように仕向けていくのだ

と。

これを仕事えらびに応用するのが「孫子流」仕事えらびです。

人生という長期戦において、目先の勝ち負けに一喜一憂したり、他人との比較に右往左往するのではなく、無駄な戦いやいさかいは避け、いざ戦う時には負けない準備を優先しつつ確実に勝利をつかむチャンスを狙う仕事えらびや仕事の仕方をするのです。そこでは情報をしっかり集め、分析し、周囲に振り回されるのではなく自分の思うような人生を作っていきます。

それを可能にするのが、「孫子の兵法」なのです。

就職とは人生の一部であり、人生のために就職がある!

人生がどうとか、勝ち負けとかはどうでもいいから、さっさと就職活動でたくさん「内定」をもらうためのテクニックやノウハウを教えてくれという読者もおられるかもしれません。「孫子の兵法」とか古い話にも興味がないから、面接方法やエントリーシートの書き方、適性検査の攻略法などを手っ取り早く教えてくれたら良いと思われたら、そのようなノウハウ本は他にたくさんありますから、そちらをお読みください。

私は、本書を、そうしたテクニックやノウハウを何のために使うべきなのか、テクニックやノウハウを考える前に、人生や仕事について考えておくべきことがあると知ってほしいと思って書いています。

なぜなら、**進路や就職、仕事えらびは、それ自体が目的ではなく、読者の皆さんの人生をよりハッピーにし、より豊かにし、より楽しく充実したものにするための手段に過ぎないからです。**

何を求めるのか、何を目指すのかという目的地も決まらずに、どういう手段を取るべきか、どういう経路が最適かを判断できないですね。

パソコンやスマホで経路案内を使うことがあるでしょう？　目的地を入れずに出発地点だけを入れて検索してみてください。「目的地を入力してください」と出ませんか？どんなネットもどんなＡＩ（人工知能）も、本人が目指す目的地が分からなければ、手伝いようがないのです。

自分の人生を考えもせず、就職活動や面接のテクニックやノウハウを知ろうとするのは、どこに行くのかも決めていないのに、新幹線に乗るべきか、飛行機で飛ぶべきか、地下鉄に乗るか自転車で行った方が良いかと悩んでいるようなものです。何ともバカバカしいですね。目的地が決まれば、どのような手段を取るべきかは自ずと決まってきます。東京から札幌に行こうと思ったら、飛行機で飛んだ方がいいでしょう。新幹線が札幌まで延伸したら迷うかもしれませんが。広島に行こうと思ったら、所要時間に差がないので飛行機か新幹線かで悩みます。そのような迷いも悩みも、目的地が決まってこそ意味のあるものです。

仕事えらびや就職は人生を左右するくらい大切なことですが、あくまでも人生の一部であり、人生をより良くするために就職や仕事があります。人生で目指すべき目的地を決めてから、最適な手段や経路を選択しましょう。もし、まだ人生で目指したい目的もなく、目的地を明確にできないなら、仕事えらびや就職活動を通じて、改めて人生について考えてみて、進むべき方向くらいは明確にしたいですね。

「孫子流」仕事えらびで、皆さんにとってハッピーな人生を実現して行きましょう。

第1章

『兵《へい》は国《くに》の大事《だいじ》なり』

「就職は人生の大事なり」、まずはその理解から始めよう！

就職は人生の分かれ道　大きな岐路である！

「孫子の兵法」は、次の言葉で始まります。

『孫子《そんし》曰《いわ》く、兵《へい》は国《くに》の大事《だいじ》なり。死生《しせい》の地《ち》、存亡《そんぼう》の道《みち》、察《さっ》せざる可《べ》からざるなり』

戦争は、国家にとって重要な問題であり、避けて通ることはできない。国民にとっては、生きるか死ぬかが決まる所であり、国家にとっては、存続するか、滅亡させられるかの分かれ道である

と言うのです。だから、戦争は、徹底して研究すべきことであって、決して軽んじてはならないのだと冒頭に念押しをして、兵法の解説を始めるわけです。

私はこれを**「就職は人生の大事なり」**と考えると良いと思っています。

それは、まさに就職とは、人生の分かれ道であり、人生における最大の転換点と言っても過言ではない程の変化が生じる人生の一大イベントだからです。

学生や生徒が社会人になる新卒の就職は、それまで授業料を支払う「お客様」側だった人間が、真逆の、給料をもらう「勤労者」側に変わる180度転換です。これはかなり劇的な変化で、その後、転職したとしても多少の方向修正であって180度転換はありません。次に180度転換があるとしたら、社会人が再度大学などに入り直して学生に戻るか、高齢になって働けなくなってから介護費用や老人ホームの費用を支払う要介護者になるくらいしかありません。

さらに、最初に就いた職業は、ずっとその仕事を続ければ当然人生に大きな影響を与えますし、転職するにしても、「経験者」として応募する際には、経験した仕事に類似もしくは関連した仕事をえらぶことが多くなります。たとえば、ITに関わる仕事に就いたら、次もそのITの技術や経験を活かせる職場に移るのが有利であり、実際そのようにする人が多いのです。

そして、人生における分かれ道として次に大きいのが結婚ですが、これも職場結婚もしくは職場の縁で知り合った人と結婚するケースも多く、ここでも就職が影響を与えます。また、結婚は仮に失敗したら離婚して独身に戻ることができますが、就職は失敗して会社を辞めてもそのまま学生に戻れるわけではなく、ほとんどの場合、結局また転職して仕事を続けることになります。

「就職は人生の大事なり」です。本書を通じてしっかり仕事えらびや就職について考え、準備してください。

仕事は人生のゴールデンタイム

就職は、人生最大の岐路であり、転換点なのですが、その後に続く仕事は、人生の大半を占めると言っても良いほど長く、大きなウエイトを占めるものになります。人生をよりハッピーなものにするためには、決して後回しにしたり、なおざりにしたりしてはならないものなので、私は**「仕事は人生のゴールデンタイム」**と言っています。要は大切な時間だということです。ここで重要なことは、なぜ仕事が大切なのかという理由です。大きく3つあります。これを頭に入れておいてほしいと思います。

まず人生とは一日24時間の積み重ねであることを確認しておきましょう。人生というモノはありません。人生の実体は時間の積み重ねに過ぎず、人生という物体を目で見たりすることもできません。

人生は一日24時間の積み重ねですから、人生がどのようなものになるかは一日24時間をどのように過ごすかによって決定すると言っても良いわけです。仕事はこの中で大きなウエイトを占めます。社会人になったら、残業がなくても一日8時間は働くことになるでしょう。会社で8時間働くためには、通勤時間もかかります。片道1時間かかるなら、毎日2時間。残業ゼロでも一日に10時間使わないといけません。休日を考えても一日24時間の内、3分の1くらいを占めることになります。

これが、「仕事は人生のゴールデンタイム」の1つ目の理由です。人生における時間のウエイトが大きいのです。人生において一番ウエイトが大きい時間は睡眠時間です。生まれてから死ぬまで毎日7、8時間は寝るとすると、人生の3分の1は睡眠です。この時間はもちろん大切ですが、寝ている間は活用のしようもないとすると、起きて活用できる時間は15、6時間。その内10時間を仕事に費やすとすると大きいですね。

17歳から20代の内は、それまでの人生において学校で過ごした時間が長くなります。読者の皆さんの思い出は学校に関わることが多いのでは？　これが社会人になって、10数年も経つと学校で過ごした時間よりも職場で過ごした時間の方が長くなっていくのです。この仕事の時間が、つらくて苦しい時間だったら、人生の大半がつらくて苦しいものになってしまいます。学校生活がつらくて苦しかった人は人生をつらくて苦しいものだと感じるでしょうし、学校生活が楽しかった人は人生を楽しく感じているでしょう。それと同じことです。

だから、**人生においてウエイトの大きい仕事の時間は、楽しくて充実したものにしたいのです。**

「仕事は人生のゴールデンタイム」の2つ目の理由は、夜勤や早朝からの仕事など一部の例外はありますが、**仕事は主に日中の質の高い時間を使うことが多い**というものです。同じ1時間でも、夜中の1時間は眠いし、お店なども開いていないし、友達も寝ていたりして活用しづらい時間です。仕事に主に使う日中の1時間は、元気だし、お店なども開いていて、人との交流もしやすい時間です。仕事には、多くの時間を費やすだけでなく、質の高い時間を投入することになるので、やはりこの時間を良い時間にしたいのです。

「仕事は人生のゴールデンタイム」の3つ目の理由は、仕事の時間は、より良いものにし、より充実させるとお金（収入）が増え、仕事以外の時間をより良いものにし、より充実させようとするとお金（支出）が必要になるということです。ゴールデンタイムだからと言って、必ずしも「仕事を一番大切にしろ」と言いたいのではないのです。人生全体を良いものにしたいのです。一日24時間全体です。そのためにはお金も必要になります。

たとえば、睡眠時間は大切だから、より充実した時間にしようとすると、布団や枕を良いものにした方がいいですね。お金がかかります。趣味や友人たちと遊びに行ったり食事したりする時間もより充実させたいですね。お金がかかります。通勤時間もより良い時間にしたいですね。音楽を聴いたりゲームをしたり本を読むのも良いですね。お金がかかります。仕事以外の時間はより良くしようとするとお金がかかるのに対して、仕事の時間はより良くするとお金が入ってきます。17歳になれば、お金は収入と支出のバランスが大事であることは分かるでしょう。支出する方は楽しいことが多いですが、その支出のためには収入が必要なのです。学生の内は、親が収入側の面倒をみてくれていたから意識していなかったかもしれませんが、社会人になって仕事をするというのは、自分でこの収入と支出のバランスを考えないといけません。

一日24時間全体をより充実しより良いものにしようとするなら、お金を生み出してくれる仕事の時間を、より充実しより良いものにするべきなのです。

「仕事は人生のゴールデンタイム」の3つの理由をよく覚えておいてください。

割り切ってつらいものを我慢しようと考えてはならない
それが一生続くのはつらいぞ

「いや、自分は趣味を大切にしたいので、仕事はあくまでもそのために必要なお金を稼ぐだけで、別により良くなくても稼げればいい」と感じる人もいるでしょう。実際、そうした反論をされたこともあります。仕事は生活するため、生きていくための必要悪ととらえて、つらくても割り切ってその時間を我慢しようというわけです。

そのようにしたい気持ちも分からなくもないですし、まだ独身で養う家族もいない若い内は、必要なお金も知れていますし、大した収入がなくても、収入と支出のバランスが取れたりしますから、あまり問題だと思わないかもしれません。

しかし、援助してくれる親がいなくなったり、結婚して子供が生まれたりしたら、必要な支出も増えてきます。その頃に、収入がないから結婚もできない、子供も持てない、習い事もさせられない……と自分の人生に制約をかけざるを得なくなったら、やっぱり良くはないでしょう。

また、割り切って、つらくても、苦しくても、お金のために我慢するというのも、仕事の時間の長さを考えたら、本当に大変です。職業人生はおよそ50年続きます。今まで生きてきた2倍とか3倍の長さです。その一日24時間の内、仕事は大きなウエイトを占めますから、割り切って我慢するのは大変ではないでしょうか。おまけに、この50年でそれなりに収入を得ていないと、その後の年金の額も少なくなりますし、年金があてにならないとなれば蓄えも必要なわけですが、それも厳しくなるでしょう。

ほんの数年のことなら、「割り切って我慢する」で済むでしょうが、長い人生を考えたら、やはり仕事は大切なのです。

幸せな人生とは？

仕事えらびや就職が人生の大事であることが分かったら、改めて自分にとって幸せな人生とはどのような人生か、考えてみましょう。

序章で人生に勝つために仕事えらびや就職があると書きました。そして人生に勝つとは、「自分の人生は満足できるものだったな。自分の人生は勝利で終わったな」と感じられるかどうかだと書きました。最後の最後に勝ったかどうか、それで判断することになるのですが、その勝利を得るためにも、現時点で、どういう人生だったら勝ったと思えるか、現時点で皆さんが考える幸せな人生とはどういうものかを考えておきたいと思います。

このような人生にしたい、このようになれば自分は幸せだと思えるという人生のイメージがありますか？　それが具体的にイメージできているなら、素晴らしいことです。たとえば、何かの職人さんになりたいと具体的にイメージができていて、そのために進学も就職も意味がないなら、それを目指せばいいですね。

ただ、私自身の例からも、私の子供たちを見ていても、今まで関わった企業の若手社員さんや私の会社にいる若手社員を見ていても、自分の人生に対して具体的にイメージを持っている人は少ないように感じます。そうであれば、**「孫子の兵法」では負けないことが重要であり、勝つチャンスを狙える状態でいることが必要ですから、いきなり勝ちに行かなくても、本書で就職や仕事えらびをどうするかから考えてください。**

高校生はもちろん、大学生であっても大学院生であっても、社会人数年目の人であっても、まだまだ経験したことが少ないのです。知っていることが少ないのです。少ない経験の中でも、「これだ!!」と思えるようなものに出会ったならそれでいいです。しかし、そうでないなら、焦らずに自分にとって幸せな人生とはどういうものか考えていけば良いと思います。最後は、天国からお迎えが来た時に、「自分の人生は満足できるものだったな。自分の人生は勝利で終わったな」と思えるかどうか、そこまでの長期戦です。

会社えらびではなく職業えらび　就社ではなく就職

ここまで来て、よし就職を考えよう、とりあえず良い仕事を探してみようと思えたら、先に進んでいきましょう。

本書のタイトルは、『「孫子の兵法」で勝つ仕事えらび!!』です。**会社えらびではなく、仕事えらび。**就職活動においては、最終的にどの会社に入るかを決めることになるのですが、その前提は、どういう職業に就くのか、自分の仕事、それも「これが一生の仕事だ、これが天職だ」と言えるような仕事なのかということです。まず初めに仕事えらび、職業えらびがあって、その仕事をより良く、よりうまくさせてくれる会社はどこか、その仕事に取り組む際に最も自分に適した会社はどこかを選ぶのです。就「職」ですから、ある会社に入れば良い、就「社」ではありません。

以前のように、一度入社した会社に定年（60歳とか65歳、今後は70歳？）までずっと勤めるのが当たり前という時代ではありません。もちろん、ずっと一社にいても良いわけですが、転職もあり得ます。もしくは定年後にセカンドキャリアとして仕事をすることもあります。いや、高齢化や年金問題を考えると定年後にも仕事をしないといけない人が多いでしょう。その時に問われるのが、自分は何ができるのかということ。要するに、世の中にその仕事を必要としてくれる人たちがいて、その仕事についてお金をもら**える程のレベルで何らかの価値を生み出すことができるかどうか**が問われるのです。だから、仕事は大事なのです。

会社を探すのではなく、仕事を探しましょう。会社はその後です。

働き方改革？ 働かない改革？

ところが、就職情報サイトを見ながら、休みの多い会社、リフレッシュ休暇制度がある会社ばかりを探している学生さんがいたりします。もしかしてあなたもそうですか？ 仕事を探しているのでしょうか？ 休みを探しているのでしょうか？

今は、企業側、採用する側の大人たちも「働き方改革」と言って働く時間を減らそうとしていますから、休日が多いとか休みが取りやすいといったことをアピールしてくるわけですが、休みが多ければ仕事の中身は何でも良いということはないでしょう。休みが多いのは嬉しいでしょうが、その前にまず仕事です。仕事を探しているのですから。

「ブラック企業」という言葉も読者の皆さんを怖れさせているのかもしれませんね。しかし、それは後で考えましょう。まずは仕事です。

皆さんは、面白いゲームだと徹夜してでもやったりしませんか? 面白い漫画だと徹夜してでも読んだりしませんか? 友人たちと遊びに行ったら朝までオールナイト(未成年はダメ)でも平気だったりするでしょう。

それくらい、面白くて、ついついのめり込んでしまうような仕事があったら良いと思いませんか? 見つかるかどうかは別にして、まずはそのような仕事を探してみてはいかがでしょう?

その後で、面白い仕事でも、過度にやり過ぎると良くないということを考えましょう。面白いゲームでも徹夜が続くとつらいですね。面白い漫画も二晩続けて読み続けたら、ぶっ倒れてしまうかもしれません。だから、そのような仕事の仕方をしてはいけません。徹夜続きなんて論外ですが、一晩の徹夜もしない方がいいです。しかし、**徹夜してでもやりたくなるような仕事には出会いたいのです。**

皆さんは、これから仕事探しをするのですから、すでに不本意な嫌な仕事に就いてしまって、何とか仕事の時間を減らしたい、「働かない改革」がしたいと考えている人に毒されないようにしましょう。

そもそも「働き方改革」が叫ばれているのは、日本は人口が減少し、今後ますます働く人が減って行くので、今、仕事に就けていない女性や高齢者などがもっと働きやすいように、長時間労働を是正したり、短時間勤務でもOKにしたり、休みを取りやすくして、もっと働いてもらいましょうということで国が進めているものです。多様な人がもっと働くために、働き方を柔軟にしようというのであって、みんなが揃って働かないようにしたら、話が反対になってしまいます。子育てや介護、自身の病気や障がい、加齢による衰えなどフルに働けない事情を持っている人にしっかり配慮する分、本書の読者のように若くて元気な人は、休日探しではなく仕事探しを優先させましょう。

会社も国もあてにはならない

日本中の誰もが知っているような有名大企業であってもつぶれることがありますし、つぶれたりしなくても、別の企業に買収されて飲み込まれたりすることがあります。自社の株式を公開している上場企業だから安心ということはなくて、その方が買収される可能性が高かったりもします。

まさか国がなくなることはないだろう、国がつぶれることはないだろう、と思っているかもしれませんが、人や土地が消えてなくなることはなくても、世界には、生まれた土地を追われる難民がいたり、財政が破綻して他国から支援を受けないとやっていけなくなる国があったりします。日本も例外ではありません。

会社や国の破綻について詳しく説明しようとすると難しい話になるので、簡単な例に置き換えて説明してみたいと思います。

そもそも「会社君」や「国さん」という人はいません。**会社とは、その会社に勤めている社員さん全員の集合体であり、国とは、その国に住む国民の集合体です。**これでは話が大きいので、スポーツに置き換えると、サッカーのチームは11人であり、「チーム君」はいません。チームが勝つには、11人全員が頑張らないといけませんし、ピンチの時にチームが何とかしてくれるだろうと言っても、チームとは自分を含めた11人のことですから、自分は何もしなくて良いわけではありません。

もし、あなたが疲れたからと言ってサボったら、その間、他の10人があなたの分までカバーしないといけません。もし、あなたがゴールキーパーだったら、ゴールキーパーの替えはいませんから、あなたがサボっている間、ゴールはガラ空きになってしまいます。

もし、あなたのチームの全員が、なるべく頑張りたくない、なるべくサボりたいと考えていたらそのチームは勝てるでしょうか？　弱い敵には勝つこともあるかもしれませんが、強い敵にはなかなか勝てないでしょう。

これを会社の話に戻してみましょう。

会社の全員が、休みたい、サボりたい、仕事をしたくないと考えている人ばかりだったら、その会社はあてになるでしょうか？　もし、誰かが休んだり、サボったりしたら、他の誰かがカバーするしかありません。会社に何とかしてもらおうと言っても、「会社君」はいませんから、自分たちで何とかするか、新しい人を雇ってメンバーを増やすことになります。そうすると、一人ひとりの取り分（特に賞与）が減ることになります。

国の話にしてみましょう。困ったら国が何とかしてくれるだろうと言っても、「国さん」はいませんから､「国が何とかする」というのは結局みんなの税金を使うことであり、税金で足りなければ全員で借金をするのです。だから、国は人口が減らないように対策をしたいのです。人口が減るというのは、11人のはずのチームが9人とか8人になるようなものだからです。人数が減ったら、一人ひとりが今まで以上に頑張って減った分をカバーしなければなりません。もし、国の全員が、休みたい、仕事をしたくない、困ったら国が何とかしてくれと思っている人ばかりだとしたら、その国はどうなるでしょうか？

国も会社も、あてにはできないことが分かりましたか？

国と言っても、それは自分も含んだチームであり、会社も自分を含んだチームであって、自分も頑張らないとチームは勝てないし、もし自分がサボったり休んだりしたら、その分を他のメンバーがカバーしてくれないといけないのです。

結局は、自分が頑張るしかないということです。今は誰かに頼っていられたとしても、将来を考えれば会社も国もあてにはならないのですから。

ＡＩ（人工知能）の時代にどう働くか？

高校生、大学生となれば、ＡＩのことをニュースで見たり聞いたりしたことがあるでしょう。ＡＩが囲碁の名人に勝ったとか、将棋の名人がＡＩに勝てないとか……。

このＡＩが今後ますます賢くなって、ロボットのような動く機械の頭脳になったら、生身の人間の仕事が奪われてしまうのではないかと言われています。

今すぐ人間がＡＩやロボットに取って代わられることはないでしょうが、囲碁をしたり、自動車の自動運転をしたりするくらいですから、簡単な仕事、反復作業のような仕事、力仕事、休日や深夜も休めないような仕事は、これからＡＩやロボット、機械やＩ

Tに置き換えられて行くでしょう。何しろ、人手不足で人間が雇えませんからね。今すぐそのようにならなくても、皆さんの仕事はこれから50年ほど続きますから、やはりAIの影響も考えておかないといけないでしょう。ちなみに、今の予測では2045年にAIが人間より賢くなると言われています。皆さんが、40歳から50歳くらいの働き盛りの頃です。

では、生身の人間はどうするか？　単純作業や力仕事はロボットに勝てないでしょうから、**頭を使って工夫したり、新しいものを考え出したり、人と人とのふれあいや信頼関係を作っていくような領域で仕事をすることになるでしょう。**そのような仕事の比重が高くなるということです。

要は頭と心と生身の身体を駆使して、創意工夫し挑戦し改善し、他人のために役に立つ必要があるのですが、そのためには本人が、前向きにそのことに取り組んでいないといけません。イヤイヤ義務感だけでやろうとしても、単純作業や決まりきった仕事はできても、そこで工夫したり、あと一歩挑戦したり、より良くするために改善したりできませんし、他人のために何かしてあげようなんてことになりませんね。

AIやロボットが当たり前になったら、決まりきった仕事や簡単なことは他人のためだろうが自分のためだろうが気にせずに24時間365日稼働しますから、休みが欲しいとか、仕事したくないとかブツブツ言っているような人間の出番はなくなります。

やはり**「仕事は人生のゴールデンタイム」だと思って、会社や国をあてにするのではなく、前向きに仕事に取り組んで、頭を使って創意工夫しないといけません。**

「ジブン株式会社のオーナー」となる

これからの時代は、頭を使う仕事の比重が高まりますから、自分は**「ジブン株式会社のオーナー」**だと考えるべきなのです。

かつて、仕事と言えば会社の持つオフィスや店舗、工場に出勤し、そこで上司に命じられるままに作業して、この労働の対価として給料をもらうというイメージでした。しかし、今後、このような仕事はＡＩやロボットに任せて、前述のように生身の人間は、仮に現場で作業をするにしても、頭を使って、創意工夫したり、改善したりする部分で生身の人間らしい価値を生まないといけません。単純作業でなければ、企画したり、設計したり、デザインしたり、販売方法を考えたりするようになります。

そのような仕事は、会社のオフィスやそこに置いてある設備や機械を必要としません。必要なのは自分の頭脳だけ。他にあると便利なのはスマホやパソコン程度。さて、皆さんの頭脳コンピューターは、誰のものですか？

当然、自分のものですね。皆さんは自分自身の「オーナー」です。どこかの会社に入っても、自分の頭脳コンピューターを会社に取られたりはしません。かつては、何かを生み出そう、価値あるものを世に出そうとしたら、会社が持っている設備や機械を借りないといけませんでしたが、これからは、自分が持っている頭脳コンピューターから価値を生み出せるのです。

おまけに、この**頭脳コンピューターは誰からもコントロールされません**。「オーナー」である自分にしか頭の中で考えていることが見えないからです。かつての肉体労働であれば仕事ぶりは常に他人からチェックされ、動きが遅いと「もっと速く手を動かせ」と言われたりして、仕事をコントロールされました。しかし、頭脳労働は他人からは見えませんから、上司や先輩から「ちゃんと仕事しているのか？」と言われても「やってまーす」でOK。しつこく言われたら「今、考えているところなので邪魔しないでもらえますか」と言ったら終わり。良かったですね。頭を使う仕事はサボりたい放題です。

ただし、その結果が問われます。その頭脳コンピューターからどれだけアウトプットしたか、どれだけ価値を生んだのかを問われるのです。何しろ「オーナー」ですから。自分が「ジブン株式会社のオーナー」だと思えば、そこでの仕事に前向きに取り組んで、創意工夫するのは当たり前です。

ちなみに、頭脳コンピューターは24時間365日フル操業です。その代わり、仕事のことだけでなくプライベートのことも考えています。会社で仕事中にプライベートなことを考えることもあるし、自宅で仕事のことを考えることもあります。もっと言えば、休日に遊んでいても稼働しています。たとえば、休暇を取って温泉旅行に出かけたとしましょう。ゆったりのんびり湯船につかっています。するとリラックス効果なのか、仕事のアイデアが浮かびました。

さて、皆さんだとどうしますか？「せっかくリフレッシュしようと思って温泉に来ているのに仕事のことを考えるなんて仕事人間になってしまっている証拠だ。忘れよう」と思って忘れますか？　せっかくの良いアイデアを忘れて困るのは、「オーナー」である自分ですね。

温泉旅行中でもスマホくらい持っているでしょう。忘れないうちにメモっておきましょう。場合によってはそのまま会社で仕事をしている同僚にメールでもして、「良いアイデアを思い付いたから、俺が出社するまでにやっておいて」と頼んでおけば、温泉にいる間に仕事が進んでいるかもしれませんね。

これからの仕事は、このような頭を使う、頭脳労働中心の仕事になっていきます。私たちはその頭脳を所有しているオーナーですから、仕事もプライベートもすべてセルフコントロールして行けばよいのです。

学校で気になることがあったら、家にいても思い出して考えることがありますね。クラブやサークルで何か挑戦していたら、家で寝ていても気になるかもしれません。それと同じように、自分の頭は常にセルフコントロールで、24時間ずっとON。ONとOFFというのは肉体の問題で、身体の疲れは癒したり休めたりしないといけませんし、気分転換するリフレッシュも必要ですが、頭脳にはアイドリングはあってもOFFはないのです。

と言っても、特別なことをするわけではなく、そもそも頭脳コンピューターは24時間365日稼働していますから、休みなしでは困るじゃないかと心配する必要はありません。他人から強制されるわけでもありませんから、自分が「オーナー」として好きなように動かしましょう。

これからの仕事は、皆さんが「ジブン株式会社のオーナー」として、自ら進んで、前向きに、楽しく、やりがいを持って取り組めるものであるかどうかが大切だと私は思います。

先に勉強し、情報を集め、準備するのは当然

この章では、皆さんの人生にとって、いかに仕事えらびが大切か、孫子流に言えば、「就職は人生の大事なり」であるということを説明してきました。

高校での進路決定、専門学校や大学での就職活動は、人生最大の転換点とも言えるほど大事なことであり、その後の人生に多大な影響を与えるものなのに、ほんの数ヶ月で決着がついてしまう短期決戦です。

ここでまた「孫子の兵法」です。

『孫《そん》子《し》曰《いわ》く、凡《およ》そ師《し》を興《おこ》すこと十万《じゅうまん》、師《し》を出《い》だすこと千里《せんり》なれば、百姓《ひゃくせい》の費《ついえ》、公家《こうか》の奉《まかない》、日《ひ》に千金《せんきん》を費《つい》やし、内外《ないがい》騒動《そうどう》して、道路《どうろ》に怠《つか》れ、事《こと》を操《と》るを得《え》ざる者《もの》、七十万《ななじゅうまん》家《け》。相守《あいまも》ること数《すう》年《ねん》、以《もっ》て一日《いちじつ》の勝《かち》を争《あらそ》う。而《しか》るに爵禄《しゃくろく》百金《ひゃっきん》を愛《おし》みて、敵《てき》の情《じょう》を知《し》らざる者《もの》は、不仁《ふじん》の至《いた》りなり』

『孫子』は、

10万の兵を集め、千里もの距離を遠征させるとなったら、民衆の出費や国による戦費は、一日にして千金をも費やすほどになり、官民挙げての騒ぎとなって、補給路の確保と使役に消耗し、農事に専念できない家が70万戸にも達するほどだ

と戦争の大変さを指摘します。しかし、

これが数年にも及ぶ持久戦になるとより一層戦費を浪費してしまうのに、いざ勝敗を決する最後の決戦は一日で成否を分けてしまう

のです。

だから、この最終決戦に向けて敵の動向などの情報を得てそれに備えることが重要になるのですが、そのために間諜《かんちょう》を使うのです。スパイですね。ところが、

その間諜に褒賞《ほうしょう》や地位を与えることを惜しんで、敵の動きをつかもうとしない者は、兵士や人民に対する思いやりにかけており、指揮官失格である

と断言しています。

要するに、「戦争にかかる費用や兵士たちの苦労は膨大なものなのに、その苦労が報われるかどうかの決戦のために必要な（全体の費用や苦労に比べて）ちょっとした費用や手間をケチって、兵士や人民が費やした苦労を無駄にしてしまうようでは、あまりにバカバカしいじゃないか」と言いたいわけです。

「孫子流」仕事えらびでは、**人生は長く続く大切なもので、その人生がハッピーになるかどうかを決める決戦が仕事えらびであり就職であるにもかかわらず、この短期決戦の就活に向けてきちんと勉強し、情報を集め、研究したりして準備しないのは、あまりにももったいないでしょう**ということになります。

たとえば、仕事えらび、就活の結果次第で、サラリーマンの平均生涯賃金データを参考にすると、3億円と1億円の差がついたりします。あくまでも平均であり、今後の景気動向や物価の変動などでどのようになるかは分かりませんし、賃金が多いか少ないかだけで人生が決まるわけではありませんが、大卒もしくは院卒で大企業に定年まで勤めた場合には、およそ3億円。これが中堅企業だと2億5000万円。中小企業だと2億円。そして正社員ではなくアルバイトや派遣などでは、働き方にもよりますが、なんと1億ちょっと。年収が200万ちょっとなら、それが50年続いたとするとそのくらいになります。300万稼げば1億5000万円です。

平均値ですから、大企業であまり活躍しなかった人よりも中小企業で活躍した人の方が稼げるといった個別の事情はここでは置いておきます。しかし、給与の額だけ考えても億単位の差がつくわけです。結構大きいですね。

もし、今、目の前に1億円があって、テストと面接のでき次第で、その1億円がもらえるとなったら、結構気合が入りませんか？ 仕事えらびや就職活動は、この1億円の争奪戦であり、長い人生で言えば、それが2億円か、それ以上の差になるかもしれない戦いなのです。

それがわずか数ヶ月で決まってしまう。

もうこの本を買うという投資はしましたから、一歩は踏み出していますが（立ち読みしている人は買いましょう）、この本をしっかり読み込んで、私を皆さんの間諜（スパイ）として情報を得てください。この本を買うお金と本を読む少しの努力をケチって、

1億円を失わないように。

もちろん、お金だけでなく、長い時間を費やす仕事ですから、楽しく充実したものにするためにも、わずかな努力を惜しまずに、「孫子流」仕事えらびについて勉強して行きましょう。

「就職は人生の大事なり」。
情報を集め、研究するなど、
「事前準備」を怠らないこと。

第2章

『彼《かれ》を知《し》り己《おのれ》を知《し》り地《ち》を知《し》り天《てん》を知《し》る』

「会社を知り、自分を知り、社会を知り、時流を知る」ことができれば、人生に勝ち、自分に負けない仕事えらびができる!

「孫子の兵法」の極意をつかもう!

いよいよ仕事えらび、就職活動へと進んで行こうと思います。そこでいきなり「孫子の兵法」の極意をお教えしましょう。

戦う前に勝てるかどうかを見極め、勝つための準備を怠らない。これが『孫子』の極意であり、『孫子』の全篇にわたってこの考え方をベースにして、戦争とは何か、どのように戦うべきかを論じていると言えるでしょう。

なぜ『孫子』は勝つことにこだわり、事前に準備をすることを強調したのか。それは負けたら死に、国が亡ぶ可能性があるからです。だから、失敗が許されないのです。

就職が人生の大事であり、仕事えらびが人生に大きな影響を与えることをすでに学んだ皆さんは、『孫子』の言う戦争が、人生における仕事えらびに置き換えられることに気付いているでしょう。

この「孫子の兵法」の極意を、「孫子流」仕事えらびに応用していきましょう。

『孫子』は、

『彼《かれ》を知《し》り己《おのれ》を知《し》らば、勝《かち》、乃《すなわ》ち殆《あや》うからず。地《ち》を知《し》り天《てん》を知《し》らば、勝《かち》、乃《すなわ》ち全《まっと》うす可《べ》し』

と言っています。

敵の状況や動きを知り、自軍の実態を把握していれば、勝てるかどうかが判断でき、勝てると踏んだのであれば勝利は揺るぎない。さらにその上に、戦場の地理や地形、土地の風土などの影響を知り、天界の運行や気象条件が軍事に与える影響を知っていれば、勝利を完全なものにできる

と言うのです。

敵味方の戦力比較でいくら優位だったとしても、自軍が不得意な地形だったり、不利な天候になったりしたら、戦力の優劣も変化する可能性があります。そこまで考えて戦いなさいと教えてくれているわけです。

仕事えらびにおいても、まず自分が就きたい仕事を知り、その仕事の場である会社のことを知らなければなりません。もちろん自分自身についてもその長所や短所、好き嫌い、得意不得意な点などを知る必要があります。

そしてさらに地を知り、天を知らないといけません。地とは、皆さんを取り巻く社会であり、仕事をする場である世の中の仕組みを知ることです。天とは、天気や気候のことと考えず、時代の変化や流行のことだと考えれば良いでしょう。**仕事と本人の関係だけでなく、それを取り巻く社会の情勢や風潮、そしてそれが今後50年から70年ほどの未来に向けてどう変化して行くか**を考えないと、皆さんにとって最も適切な仕事は何か、判断できないのです。

20世紀の歴史を振り返ってみる

たとえば、21世紀がどのようになるかを考えるためには20世紀を振り返ってみたり、今後50年、70年を考えるためには、過去50年、70年の変化を振り返ってみたりすると良いでしょう。

日本では、１００年前の１９１７年は、大正６年。第一次世界大戦の最中です。そこから第二次世界大戦までは、戦前、戦時中で、１９４５年(昭和20年)からの戦後は、１９５０

年に朝鮮戦争が始まったことによる朝鮮特需から高度成長期があり、オイルショックがあり、バブル崩壊があり、ＩＴ革命があったかと思えばＩＴバブル崩壊もあったりして、結構いろいろな変化が起こっています。

その間、日本の主要産業も、戦前戦後の石炭産業や繊維産業から、石油や鉄鋼が主役となり、日本の技術力が評価された機械産業、電機産業、自動車産業などが輸出を伸ばして、「メイド・イン・ジャパン」の評価を高めた時代がありました。そして、日本の国力が高まり円高になってくると、銀行や保険、証券などの金融関係が就職人気ランキングの常連となり、ＩＴの普及とともにＩＴ関連産業も存在感を高めて来ました。

一時は隆盛を誇った石炭は石油に取って代わられ、その石油も今や人口減少や地球環境などの要因で勢いはありません。繊維産業も特殊な繊維でなければアジアなどの新興国にシフトしてしまいました。「メイド・イン・ジャパン」の象徴だった電機産業も一時の勢いを失われ経営破綻に追い込まれるような例も見受けられます。金融関係も未だに学生さんに人気ですが、社名を見たら分かるように、複数の会社が一緒になり、「合従《がっしょう》連衡《れんこう》」しながら生き残っています。私が就職した時代にも銀行などは大変人気で、友人たちもたくさん就職しましたが、それらは、すべて行名が変わりましたし、今後もさらに統廃合が進むのではないかと思います。

このように考えると、今、人気のある業種や会社に就職できたとしても、それが50年、70年先まで安泰であることは難しそうですね。『彼を知り己を知る』ばかりではなく、世の中の変化である地と天まで考えておかないといけないのです。

そして、人気のある大手企業であっても、他の会社と一緒になって社名が変わってしまうことを考えれば、就「社」ではなく就「職」でなければならないことも再度確認しておきましょう。○○銀行に入った人は、△△銀行と合併して○○△△銀行になっても、「銀行員」という職業ですが、「○○銀行員」ではなくなりますから。

過去にこれだけ変化があったわけですから、これから先の未来にも大きな変化があると考えるべきでしょう。たとえば、人口減少は確実に進んでいきます。今からおよそ50年後の2065年には、日本の総人口は8800万人ほどになると予想されています。50年で4000万人くらい減少するのです。今は、仕事えらび、就職活動を考えているので、人手不足は「売り手市場」ということですから、皆さんにとって有利ですが、仕事を始めれば、立場が変わって、採用しようとしても人がいない、そして何よりお客様が減るという現象に直面します。

20世紀を振り返ったら、21世紀はどのようになるかと考えてみましょう。

敵を知り己を知って勝てなければ逃げてもOK

再度、「孫子の兵法」の極意に戻ってみましょう。

戦う前に勝てるかどうかを見極め、勝つための準備を怠らない。要するに、負けないようにするというのが『孫子』の極意です。

「孫子の兵法」で最も有名な一節に、

『彼《かれ》を知《し》り己《おのれ》を知《し》らば、百戦《ひゃくせん》殆《あや》うからず。彼《かれ》を知《し》らずして己《おのれ》を知《し》らば、一勝《いっしょう》一負《いっぷ》す。彼《かれ》を知《し》らず己《おのれ》を知《し》らざれば、戦《たたか》う毎《ごと》に必《かなら》ず殆《あや》うし』


があります。『彼と己』について詳しく述べています。

敵の兵力を知り、自軍の兵力も分かっていれば、勝てるかどうかを見極められるので危なげない。敵の情報はないけれども自軍の把握は

しっかりできていれば、一勝一敗の五分五分。敵のことも知らず、自軍の把握もできていないようでは、毎度危ない目に遭うに決まっている

と言うのです。

そりゃそうだろうと思います。

仕事えらびでも大切なことは、仕事や会社のことを知り、自分についても良く理解しておくことです。この時、『彼を知り己を知らば百戦百勝』ではなく、『百戦殆うからず』なのは、敵の方が強くて、味方の方が弱かったら、戦わずに逃げることもあるからです。命は1つですから。

勝てるかどうかの見極めが大事であって、勝ち目がないなら無理な戦いはしません。

だから、**仕事えらびでも、事前に調べてみて、勝ち目がない場合は逃げてOK。**第10章で詳しく述べますが、負け戦は避けます。負けそうなのに、気合と根性で、負けてたまるかとぶつかっていくと、「俺はダメだ」「私には無理だ」と自分に負けてしまう可能性があるので要注意です。

「孫子流」仕事えらびは、負け戦をしません。

わずかな経験だけで分かったつもりにならないようにしよう！

事前に調べ、勝てそうかどうかを見極める際に、注意しておきたいのは、まだ17歳や20代前半の読者の皆さんには、知らないこと、経験のないことがたくさんあり、それを分かったつもりにならないでほしいということです。

高校生はもちろん、大学生だって、アルバイトはしたことがあっても、会社という組織に社員として正式に入社したことはないですね。これまで経験したことのない新しいことへのチャレンジなのだから、わずかな過去の経験による思い込みやちょっと聞きかじったような中途半端な知識だけに頼らず、ゼロから情報を集め、勉強するつもりで素直に取り組んでほしいと思います。

人気企業ランキングを見てみてください。学生さんのえらぶ人気企業は、ほとんどが消費者向けの商品を作ったり売ったりしていて、ＣＭなどをバンバン流している企業です。企業向けのビジネスをしている企業の中にももちろん良い企業はたくさんありますが、学生さんの眼に触れるようなところで広告宣伝したりしませんから、人気企業ランキングにはなかなか出てきません。分かっていること、知っていることには限りがあり、偏っていることが多いという証拠です。

私の息子たちが就職活動をしていた時、彼らの仕事に対する考え方や就職についての考えを聞いたりして、こちらも親としてアドバイスをしたりしたのですが、親子ということもあるからでしょうが、これがなかなか素直に聞かないのです……。私が何十年と体験してきた仕事を踏まえ、何社もの採用コンサルティングをし、自社でも毎年何人も面接して採用している経験を踏まえて、良いアドバイスをしているのに（笑）。

どこかで聞いてきたような、ネットで調べたような話を元にして、さも分かった風に反論してくるものだから、「こちらも子供に偉そうに言われて頭に来ますよ。「やったこともないのに分かった風なことを言うな」と。これだから親子はいけませんね。

私の伝え方も悪かったのでしょうが、その反省も踏まえ、本書を書いていますので、読者の皆さんは、**これまでの人生のわずかな経験や知識だけで分かったつもりにならないようにくれぐれも気をつけてください。**会社で働いたこともなく、就職活動も普通は一度しかしませんから、分からないことばかりで当然なのです。

分からないことばかりなのに、これから先50年、70年先まで考えないといけませんから、分からないことは調べたり、勉強したり、誰かに教わったりすれば良いのです。その時に、「それは違う」「それは古い」「それは関係ない」などと自分のわずかな経験による判断軸で情報を選別しないことが大切です。まだまだ経験が少ないのだから、まずは素直に受け入れてみることです。

スマホを置いてテレビを見よう!

私の会社の若い社員の話を聞いても、面接に来る学生さんに聞いても、私の息子たちを見ていても、最近の若い人はあまりテレビを見ませんね。スマホを常に持っていてネットの情報やSNSを見ている時間が増えているようです。

かつては、「若者がテレビばかり見ていてバカになる」と批判されていたものなのに……。テレビは流れている情報を受動的に見るだけだから、自分の頭で考えなくなるという指摘です。ただボケーッと見ているだけでも時間が過ぎて行きますから。

それにひきかえネットの情報は、パソコンであれスマホであれ、自分が能動的に情報を取りに行くことになります。自分が必要だと思う情報を自ら探すわけです。その点ではテレビの見過ぎを指摘されていた時代より良さそうなのですが、今は仕事えらび中です。仕事えらび、就職活動に伴って世の中のこと、時代の変化などもつかんでおかないといけませんから、**あえて受け身のテレビをボケーッと見てみるということもおすすめしてみたいと思います。**自分の好み、自分の関心事だけを選んでスマホで見るのではなく、自分の興味関心がなさそうなことでも、テレビを見流すというか聞き流してみる。そこに新しい発見があるかもしれないし、自分では探しに行かなかったであろう情報に出会えることもあるはずです。

と言っても、テレビでバラエティーばかり見て、笑ってばかりいては仕事えらびにあまりつながりませんから、ニュース番組や企業やビジネスを紹介する経済番組などを試しに見てみてください。本を読んだり、新聞を読めと言うよりもテレビの方が楽ちんでしょう?

TBS系列で日曜日に放映している『がっちりマンデー!!』は、ビジネスの裏側や仕組みを教えてくれる経済番組ですが、面白おかしく紹介してくれるからおすすめです。見逃したらTVerで。結局スマホか! ネットか! となりますが、興味はなくても見てみてください。

ちょっと堅いけど、NHKの『プロフェッショナル　仕事の流儀』もおすすめ。世の中にどのような仕事があるのかを知るのに良いと思います。会社勤めだけが仕事ではないことも分かったりします。

要は、**あまり自分の価値観だけで取捨選択せずに、仕事えらび期間、就職活動中は幅広く情報を受け入れてみる努力をしてほしいのです。**それが己を知る、自分を再発見することにもつながるでしょうし、『地を知り天を知る』ことにもつながります。少し、世界を広げてみましょう。

勝つ準備をして勝つ見込みが立ってから戦う
焦って戦いを始めてはならない

仕事えらび、就職活動で勝てそうな気がしてきましたか? 『孫子』の極意は、戦う前に勝てるかどうかを見極め、勝つための準備を怠らないということでしたね。だから、このようなことも言っています。

『勝《しょう》兵《へい》は先《ま》ず勝《か》ちて而《しか》る後《のち》に戦《たたか》いを求《もと》め、敗《はい》兵《へい》は先《ま》ず戦《たたか》いて而《しか》る後《のち》に勝《かち》を求《もと》む』

ものだと。

勝つ方の軍隊は、先に勝ってから戦いを始めるが、負ける方は、先に戦いを始めておいて後になってどのようにしたら勝てるかを考えている

と言うのです。勝つ方は、事前に勝利を確信できるほど準備し、段取りしてから戦うから勝てるわけです。負ける方は、敵が攻めて来たから仕方なく戦いを始めるわけですが、準備もしていないからドタバタしてしまい、どのようにして勝つかといったことが後回しになって、結局負けてしまうことになる。

「孫子流」仕事えらびをする皆さんは、敗兵にならないよう気を付けてください。卒業するから仕方なく、周りが就活を始めたから仕方なく、学校や親がうるさいから仕方なく、進路を考えたり、就職を考えたりしている人もいるでしょう。**それは敗兵への道です。危ないですよ。**

せっかく本書を読んでいるのだから、しっかり勝つための準備をしましょう。「よし、これなら勝てそうだ」と思えるようになってから戦うのです。焦って、バタバタと戦い

を始めないように。

選択すべき進路を決めよう!

仕事えらびについて考えてみると、今すぐに就職するのではなく、進学したり、留学したり、場合によっては放浪したりしたい、するべきだという決断に至る可能性もあります。

それもまた孫子流の勝つための準備なのです。

あなたがまだ高校生なら、就職だけでなく、大学や専門学校などに進む道もあるわけですし、あなたが興味を持った仕事に就くためには、大学卒でなければならないとか、〇〇学部で学んでおいた方が良いといった勝ちを確信するために必要なことがあるかもしれません。

戦う前に、それを考えられて良かった。それが勝兵への道です。焦らずに、勝利を確信できる進路を探りましょう。

あなたが大学生なら、大学院への進学や海外への留学も必要かもしれません。これも戦う前によく考えましょう。戦いに敗れて、そこから逃げ出すために進路変更するというよりも、戦う前に進路を決めたいところです。

すべては、勝つための準備です。戦いを始めてから、どうしようかな、どのようにしたら勝てるかなと迷っているようでは、「孫子流」仕事えらびとは言えません。

「よし、ここで仕事えらびを始める」「今から戦うぞ」「就職活動のスタートだ」と決意が固まったら、次の章に進みましょう。

第3章

『節《せつ》は機《き》を発《はっ》するが如《ごと》し』

「就活はタイミングが重要」である！
そのタイミングを見極める方法とは？

タイミングが重要「新卒の定期一括採用」タイミング

皆さんは、「新卒の定期一括採用」という言葉を知っているでしょうか。毎年4月に新入社員を受け入れ、その人たちが年功序列的に一年一年、給与や階級が上がっていき、基本的に中途採用をしないか、もしくは採用しても非常に少ないというものです。

これは特に、学生の皆さんに人気の高い大企業を中心に行われているやり方です。

要するに、人気の大企業に入社して、順調にキャリアアップし、給与や役職を高めて行くには、新卒時の定期一括採用で採用されなければならないということです。一発勝負です。

「いや、最近はそういう企業でも中途採用をするようになったじゃないか」と言う人もいるでしょう。たしかにそうです。中途採用もゼロではありません。しかしそのほとんどは専門分野での経験を積んだ即戦力のプロフェッショナルとして評価された人たちが採用されているだけです。

何しろ、皆に人気のある、仕事が充実していて待遇のいい会社は、あまり人が辞めませんからね。中途採用の必要性も自ずと低くなります。有名な大企業だけど、新卒で入った人がどんどん辞めてしまっていて中途採用枠がたくさんあるというのも、微妙でしょう。

「いや、最近は、第2新卒という採用枠があって、卒業して2～3年の若い内は、新卒採用と同じ扱いをしてくれる会社があるはずだ」と言う人もいるでしょう。

たしかにあります。第2新卒という採用枠があります。第1新卒で採用枠が埋まらなかった会社に……。大手企業にもあります。大手だからどこも人気とは限りませんから。学校を卒業した年の4月の採用に、あふれるほどの応募があって、学生を振るい落とすのが大変なくらいの会社が、わざわざ第2新卒という採用をしますか？　しませんよね？

「いや、最近は、4月だけでなく、秋採用とか通年採用という方法もあるのではないか」と言う人もいるでしょう。

たしかにあります。海外の大学では卒業時期がずれるので、それに合わせて秋採用枠があったりします。あくまでも海外の大学を卒業してくる人か外国人を採用する枠であって、普通に日本国内の学校を卒業する人にはあまり関係ありません。通年採用もあります。年がら年中採用活動をしている会社です。それだけ人を採用したい会社です。「新卒の定期一括採用」で、充分な採用ができる会社は、そのような面倒はことはやりません。

「もっと採用の門戸を広げるべきだ」「もっと多くの学生にチャンスを与えるべきだ」と叫びたい人もいるでしょう。しかし、いくら叫んでも皆さんが仕事えらびや就職活動をしている間には間に合いませんから、諦めて「新卒の定期一括採用」という敵と戦うことを考えないといけません。

この戦いは実戦であり、真剣勝負です。理想論やあるべき論ではないのです。

「新卒の定期一括採用」は短期決戦！

おまけに、「新卒の定期一括採用」は短期決戦です。一発勝負であり、短期決戦。大学生の場合には、3月1日に就職情報サイトなどがオープンになり、6月1日に選考解禁となるまでの3ヶ月が勝負。高校生は、企業への応募書類の提出開始が9月5日（沖縄県は8月30日）で、企業の選考開始と内定開始が9月16日というルールがあり、大学生よりも短期間かつ一度に何社も受けることができませんから、まさに一発勝負です。

良いとか悪いとかの議論は置いておきましょう。皆さんが直面する日本での仕事えらびや就職活動においては、「新卒の定期一括採用」や経団連（一般社団法人日本経済団体連合会）や文部科学省などが定める様々なルールによって、すべてではないにせよ、短期決戦の一発勝負を戦わなければならなくなっています。これが戦いの現場の実情なのだから仕方ありません。その戦場の地形（ルール）に合わせて戦うのみです。

短期決戦の一発勝負に向けて、『孫子』は、

『激《げき》水《すい》の疾《はや》くして、石《いし》を漂《ただよ》わすに至《いた》る者《もの》は勢《せい》なり。鷙《し》鳥《ちょう》の撃《う》ちて毀《き》折《せつ》に至《いた》る者《もの》は、節《せつ》なり。是《こ》の故《ゆえ》に善《よ》く戦《たたか》う者《もの》は、其《そ》の勢《せい》は険《けん》にして、其《そ》の節《せつ》は短《たん》なり。勢《せい》は弩《ど》を彍《は》るが如《ごと》く、節《せつ》は機《き》を発《はっ》するが如《ごと》し』

と教えてくれています。

水の流れが激しくて岩石をも漂わせるのは、その水に勢いがあるからである。猛禽《もうきん》が急降下して一撃で獲物を打ち砕くのは、絶妙のタイミングだからである。したがって戦上手は、その戦闘に投入する勢いを大きく険しくし、その勢いを放出するのは一瞬の間に集中させる。勢いを蓄えるのは弩（弓）の弦を一杯に引くようなものであり、

節（タイミング）とは、その矢を放つ時のようなものである

と言うのです。

要するに、短期決戦の一発勝負なのだから、わずかな期間に力を集中させ、鳥が一気に急降下して獲物を捕らえるような勢いを大切にせよということです。

それまでに必要な力を蓄えておき、準備を進め、面接などイザ決戦という時に全力を出し切れるようにしましょう。

人生の大事である仕事えらび、就職活動であるのに、ほんの数ヶ月でその明暗が分かれてしまうのです。

正社員と非正規社員の差を知っておく

この一発勝負の短期決戦に備えるには、まずこの決戦に敗れてしまったらどのようになるのかを知っておく必要があるでしょう。

大手企業の正社員として「新卒の定期一括採用」に乗れた場合と、この決戦でうまく戦うことができず、アルバイトや派遣の非正規の道を進まざるを得なくなった場合で考

えてみましょう。

第1章で、生涯賃金について触れましたが、現在の給与水準で試算すると、大手企業の大卒で、生涯賃金はおよそ3億円。これが非正規だと同じ期間働いたとして、1億ちょっとから1億5000万円程度になります。たまたまこの短期決戦で失敗しただけなのに、それで2億円もの差がつくと思ったらどうでしょう？　ちょっと理不尽な気もしますが、そのような現実もあるということを知っておきましょう。

しかし、正社員と非正規社員との差で、**賃金以上に問題だと思うのが、社会人の初期教育の差です。**

企業側における「新卒の定期一括採用」のメリットとも言えるものですが、同期がまとまって入ってきてくれるので、入社時の教育がとてもやりやすいのです。入ってすぐの新入社員研修が長ければ数ヶ月あり、その後も定期的にフォローしたり、追加教育をしたりします。日本の学生さんは就業経験ゼロ状態で入社してくることを企業側も前提にしていますから、この初期教育は本当に初歩的なことから丁寧に教えてくれます。同期入社のつながりも強くなり、時に助け合い、時に良きライバルとして、時には飲みに行って愚痴を言い合ったりもできるようになり、長い社会人生活を支えてくれる縁ができたりもします。

これに対して、非正規の道を進んだ場合、社会人としての初期教育がゼロもしくはとても短い最低限のものだけになりやすく、定期的なフォローも期待できません。たまたま短期決戦に失敗しただけであり、一発勝負だったから負けたことになっただけで、リベンジするチャンスがあればいつでも挽回できるはずなのですが、「新卒の定期一括採用」という制度のおかげでリベンジチャンス自体が少ない上に、正社員としてスタートを切れないと、何より社会人としての初期教育が不充分なことで、ビジネス上の基礎体力がない、基礎知識が足りない、基礎トレーニングが不充分という不利な状態に置かれることになるのです。

賃金格差の問題は、非正規をフリーランスと考えれば、普通にサラリーマンになるよりもたくさん稼ぐような人もいます。大手企業に正社員として勤めてもリストラされることもあれば、会社がつぶれてしまうことだってあります。あくまでも平均値としての差でしかありませんし、逆転の可能性がないわけではありません。しかし、多くの場合、社会人のスタート時点で基礎体力が足りない状態となり、その後も、充分な教育を受ける機会もない環境に置かれてしまうことで、充分な経験も積むことができず、社会人としての仕事の実力も差が開いてしまうことが多いのです。**新卒時点のちょっとした差がどんどん広がり、その後の人生に与える影響も大きいのです。**

私は、自分の会社でも新入社員を受け入れますし、お手伝いしている他の会社で新入社員さんの教育をしたりもするのですが、新卒入社の新人には本当に初歩的なことから時間をかけて丁寧に教育します。

実際のところ、有名な大学を出た賢い人でも、社会人としての基礎ができていないから、最初は使い物になりません。それを分かった上でじっくり時間をかけて教えてくれるのが「新卒の定期一括採用」に乗るメリットです。

逆に言えば、この初期教育がないと、いくら元々の能力があって、賢くて、やる気があっても、戦うための基礎知識も技術もない状態ですから、なかなか戦えません。正社員には少しずつ出番が与えられ、実戦経験も積んでいくように配慮されますが、非正規の人には、難度の低い仕事ばかりが与えられ、ステップアップのチャンスが滅多にありません。

そうこうしている内に、30歳になり、40歳になり……と年齢を重ねてしまうと、それこそ正社員として採用される道が、大企業はもちろん、中小企業でも厳しくなるのです。これからの時代は人口減少で人手不足ですから、チャンスがないわけではないでしょうが、年齢が高くなると、上司よりも新しく採用した人の方が、年齢が上になってしまったりして、上司も部下もやりづらいようなことがあるのです。会社側はそれを考慮するので、いくら本人が「年下の上司でも大丈夫です。ちゃんと指示に従います。私は年下の人から命令されても平気です」と訴えても、「指示する側もやりにくいのでね」と言われて終わりです。

正社員になることがすべてではないし、人に雇われるのではなく自ら起業するような道もありますから、無理に大手企業を目指したり、必死に正社員にならなくても、アルバイトでもして生活していければ充分だと考える人もいると思います。それでも私は、**社会人としての初期教育は是非受けておいてほしいと思います。教わらないと分からないことがたくさんあるのです。**

私は、社会人になって4年目には自分で会社を設立しましたから、正社員として年々給料が上がったり、ボーナスをたくさんもらったり、役職がどんどん上がって部下が増えたとか、正社員としての恩恵を受けたことはほとんどないのですが、わずか数年で起業できたのも、新卒で入った会社でゼロから社会人とはどのようなもので、ビジネスはどのように成り立っているのか、名刺の渡し方や領収証の書き方はどうすればいいのか、といったことを一通り教わっていたからだと思うのです。怖い上司から長時間説教される部下の気持ちとか、後輩が入社して来て下から突き上げられる立場になった時に感じた焦燥感とか、一度会社に勤めて社員としていろいろ経験させてもらった体験は、お金を払って教室に通ってもできないことなのです。

アルバイトや派遣などの働き方が悪いとは思わないのですが、**せっかく新卒で入社してゼロから基礎を教わることのできる機会があるのに、それを利用しないのはとてももったいない**ことだと思うのです。

短期決戦なのに志望度順に進めていては間に合わない！

本来であれば、いろいろと調べたり、研究したり、会社訪問してみたりして、最も志望度の高い、この会社に入りたい、この仕事がしたいと思える第一志望の会社から受験して、もしそこが残念ながら不合格だったら、次に入りたいと思える会社にアタックする、という形で順々に進めて行くのが正しいと思います。それが理想です。しかし、何しろ短期決戦なので、会社の研究とか、志望度を考えてみるような暇はなくて、志望度が高くても低くても、良く分からなくても、ともかく活動を進めて行かなければなりません。これを覚えておきましょう。

第一志望群としてピックアップした会社をまずは受けてみて、その結果によっては……と考えている間に、あなたにとって第二志望、第三志望群となる会社も説明会や選考、面接を進めているのです。まずは第一志望を受けて、ダメなら第二志望へ、と思った頃には、第二志望ではすでにエントリーを締め切られ、説明会も満席で埋まってしまっていて参加できず、残っているのは、第五志望群とか第六志望群とか、そもそも行きたくないと思うような会社ばかりだったりするのです。

入りたいと思ってもいない会社の面接を受けて、第一志望でもないのに「御社が第一志望です」なんて嘘はつけないと思う人もいるでしょう。第一志望から順番に受けて行けば、そのような嘘をつかなくても良くなります。常にその時点では第一志望の会社を受けていることになりますからね。正直でいられます。しかし、それでは短期決戦に間に合わない可能性があることを知っておきましょう。

「嘘も方便」と思える人は、短期決戦を乗り切る方便をうまく使ってください。「とにかく嘘は嫌だ。正直でありたい」と言う人は、嘘はつかなくて良いです。正直に「御社は第三志望です」とか「実は別に第一志望の会社があるのですが」と言っても良いですから、志望度が低くてもなるべくたくさんの会社にエントリーしてください。説明会に行ってみましょう。先輩リクルーターがいれば話を聞いてみましょう。**短期間になるべくたくさんの業界、企業、仕事に触れてほしいと思います。**志望度順に進めていては短期決戦に間に合いません。

行く時には早目に着手し一気に行け！
ずるずると長引くと心が折れる

『孫子』は、

『兵《へい》は拙《せっ》速《そく》を聞《き》くも、未《いま》だ巧《こう》久《きゅう》なるを睹《み》ざるなり』

と教えてくれています。

戦争をする時には、多少まずいことがあっても素早く進めて短期戦で成功したという例はあるけれども、完璧を期して時間をかけ過ぎてしまい長期戦になってうまく行った例はない

と言うのです。

皆さんも、就職活動という戦争は、最初いろいろ分からないこともあって失敗もあるかもしれませんが、いざ戦いを始めたら、**拙速を尊び、スピード勝負で、短期で決着をつけましょう。**

これがもし長引いて、選考解禁日を超えても「内定」が出ず、その頃には人気企業のエントリーは締め切られ、第一志望、第二志望どころか、第五志望、第六志望も残っていない状態で、改めてそれまで当たっていなかった業種や中小企業を回り始める……となると梅雨になり、さらに夏本番で暑くなり、ついにはリクルートスーツを破り捨てたくなりますよ。

これがさらに長引いて、秋までには何とか……いや年内には……と追い込まれていくと心が折れてしまいますね。

ここは、孫子流で、短期決戦を目指しましょう。そのための準備を事前にしっかりしておくことです。

インターンよりアルバイトの方が現実が見える

短期決戦で勝利するために、事前に準備する方法として無視できないのがインターンシップ（インターン）です。残念ながら高校生は難しいかもしれませんが、大学生は3

年生の夏くらいから、就業体験をするインターンの機会があります。元々は、在学中に実際の職場で働いてみる就業体験の場として、外資系企業を中心に行われていたものですが、就職協定や経団連のルールなどがあって採用選考の期間が短い日本では、そこで採用選考はしないという建前はあるものの、「事前」選考会のようなものになっています。

就職活動を行う学生側も短期決戦は大変ですが、それは当然、採用活動を行う企業側も短期間に選考をしなければならないということにつながるわけで、そのお互いの利害が一致したのでしょう。建前と本音が錯綜するようなことになっているので、第7章でまた取り上げたいと思いますが、短期決戦への備えとして就業体験ができるインターンがあることをここでは知っておきましょう。

実際のところ、優秀な学生さんを他社より早く見つけ出し、採用選考を行うというメリットがない限り、ただ就業体験をさせてあげるためだけに告知したり、インターンのお世話をする暇も義理も企業側にはありません。しかし、「選考ではない」と言わないと「青田買い」じゃないかと批判されるので、入社の意思がなければインターンシップは受けられませんとも言えません。

そこを利用して、志望していなくても、都合がつけば、いろいろとインターン体験してみるのも良いでしょう。短期決戦を優位に戦うための予行演習のようなものです。

ただ、本来の意味での就業体験ということを考えると、アルバイトとして実際に働いてみる方が、給料ももらう分、シビアですし、その会社なり、業界なり、仕事なりの裏側が見られるはずです。パワハラ上司がいるかどうか？　とかね。

インターンシップで学生相手にパワハラする人はいませんが、アルバイトならあるかもしれません。志望する業界や企業によっては、アルバイトのチャンスがないこともあるでしょうが、ここは短期決戦への事前準備として、少し幅広く、世の中を知る、仕事を知る、会社の内部を知るという意識でアルバイト先を探してみましょう。

幸い、今は人手不足ですから、求人は多いでしょうし、お祝い金がもらえる求人サイトもありますね。お祝い金をもらい、給料を稼ぎながら、就活に向けた仕事研究をすると思えば、働く時の気分も違うでしょう。そこで稼いで、就活で必要になるリクルートスーツ代や交通費を貯めても良いですね。

第4章

『彼《かれ》を知《し》る』

「仕事」とは？
「会社」とは？
その実態を研究しよう！

いきなり突撃してはならない　よく調べてから行け！

さて、いよいよ仕事えらび、就職活動の本番に進んでいきましょう。「**戦う前に勝てるかどうかを見極め、勝つための準備を怠らない**」これが『孫子』の極意でしたね。その極意を実践するためには、『彼を知り己を知る』必要があります。

本章では、まず『彼を知る』ところから見ていきましょう。

就職情報サイトや合同説明会などで興味を持った企業にアプローチを開始するわけですが、短期決戦とはいえ、いきなりエントリーシートを書いたり、説明会に突撃するのではなく、事前にしっかり調べてからにしましょう（就職活動のテクニカルなノウハウ本を一冊は読んでおくように）。

『孫子』は、

『軍《ぐん》の撃《う》たんと欲《ほっ》する所《ところ》、城《しろ》の攻《せ》めんと欲《ほっ》する所《ところ》、人《ひと》の殺《ころ》さんと欲《ほっ》する所《ところ》は、必《かなら》ず先《ま》ず、其《そ》の守将《しゅしょう》・左右《さゆう》・謁者《えっしゃ》・門者《もんじゃ》・舎人《しゃじん》の姓名《せいめい》を知《し》り、吾《わ》が間《かん》をして必《かなら》ず索《もと》めて之《これ》を知《し》らしむ』

と教えてくれています。

攻撃したい敵や、攻めようとする城塞、殺害しようとする人間がいれば、必ず事前に、その護衛をしている指揮官や護衛官、側近の者、取次ぎ役、門番、雑役係などの姓名を調べ、間諜に命じて更に詳細な情報を得るようにしなければならない

と言うのです。

就職情報サイトに書かれた内容は当然目を通すとして、その企業のホームページもあるでしょうし、採用のための専用ページがある場合もあります。社長や社員のブログなどもあるかもしれませんし、Ｆａｃｅｂｏｏｋもありますね。採用ページなどでは人事の人がブログなどを書いていたりすることも多いですから、そこに写真でもあると、実際に会った時にも、ちょっと気分的に優位に立てるというか、「あぁ、あの人だな」と落ち着いてチェックもできます。

今は、ネット上でいろいろな情報が取れますが、勝手なことが書かれていたりもするので、多面的に情報をチェックしておきましょう。

同じ業界でも、会社によって社風に違いがあったり、業界内でのポジション（売上順位や拠点展開、商品構成）などが違っていたりもします。興味のある仕事から、ある業界に辿り着いたら、その業界に属する会社を複数見て比べてみると良いでしょうし、最初にある会社に興味を持ったとすると、その会社のことだけでなく、そこから競合企業はどこか？　と探ってみると業界の状況が見えてくるでしょう。

ネットに載った情報だけでも、その企業のトップである社長はどのような人なのか、創業はいつで、創業者はどのような人だったのか、会社の歴史、沿革を見てみることで、その会社の特徴や強みなども浮かび上がるかもしれません。

『孫子』は、間諜（スパイ）を使って相手の情報を取りましたが、ここでは皆さんが自分自身で間諜になったつもりで、いろいろと情報を調べてみましょう。

孫子流会社を知るポイント「五事《ごじ》」

では、どんな観点で企業をチェックすれば良いのでしょう。それも『孫子』が教えてくれています。

『一《いち》に曰《いわ》く道《みち》、二《に》に曰《いわ》く天《てん》、三《さん》に曰《いわ》く地《ち》、四《し》に曰《いわ》く将《しょう》、五《ご》に曰《いわ》く法《ほう》』

と『孫子』は言いました。

どちらの国が勝つかはこの5つの観点で比べてみたら分かるぞ

と言うのです。

1つ目の「道」とは、民衆の心が国王や将軍の示す理念や道理に沿っているかどうか、国としての理念や価値観が浸透しているかどうかです。

つまり、会社の経営理念や経営者が示すビジョンや価値観が社内に浸透しているかどうかということになります。社長の言うことと人事の言うことや先輩社員の言うことに一貫性があるか、会社の理念を説明する先輩社員の表情が、納得して語っているように見えるかを吟味してみましょう。もちろん、その理念や価値観に自分が共感できるかどうかも重要です。

2つ目の「天」とは、天地自然の理に適っているかどうか、季節の変化や寒暖の差に対応できているかどうかです。古代の戦いですから、自然に逆らうことは難しかったのでしょう。

これはつまり、その会社が時流やトレンドに乗っているかどうかを考えてみれば良いことになります。ただし、これから先、50年を見通したいので、今現在の調子が良いかどうか、景気が良いかだけを見ずに、10年後、20年後、と先々まで考えてみたいところです。それが分かれば苦労しないということでもありますが、人口の増減や地球環境や資源の枯渇など、ある程度先が見通せるものがありますから、それに対する備えはどのようになっているのかを質問してみても良いでしょう。もちろん、皆さん自身でも考えてみないといけません。

3つ目の「地」とは、戦場の地形が険しいか易しいか、戦場の広狭、地理的条件のことを指しています。

ここでは、競合企業との力関係やポジション（高級品中心か廉価品中心かなど）だけでなく、他業界との競合もチェックしてみたいところです。たとえば、デジタルカメラ業界で戦っていたら、スマホの内蔵カメラにやられてしまった……みたいなことがありますからね。音楽もダウンロードするからCDが売れなくなりました。こういうことが増えていますから、一般的に同業者、同業界とされる会社だけでなく、その周辺も見ておきたいです。

「天」「地」を合わせて考えれば、今、日本を代表する企業といえば誰もが思い浮かぶトヨタ自動車も、ガソリンエンジン車から電気自動車にシフトしたらどうなるか、自動運転が主流になったらＡＩ（人工知能）なども必要になり、トヨタ自動車の優位性が維持できるかと考えてみたりできます。電気自動車になれば、電池やモーターの技術が重要になって、電機業界が自動車を作るかもしれません。自動運転となればＩＴ企業が主導権を握るかもしれませんし、人間が運転しないのであれば車を所有する価値も下がって、車は所有せずにシェアする時代が来るかもしれません。「天」「地」の動きは、トヨタのような巨大企業も翻弄することになるわけです。

４つ目の「将」とは、将軍の器量を指していて、物事の本質を見抜く智、部下からの信頼、部下を慈しみ育てる仁の心、信念を貫く勇、軍律を徹底させる厳しさなどの観点で評価してみよと『孫子』は教えてくれています。

これを企業に置き換えれば、まさにリーダー、経営者の器量、力量と言えます。その会社の社長さんは魅力的な人でしょうか？　他の役員陣や管理職の人たちはどうでしょう？　その中には次やその次の社長さんがいるでしょうから、幹部にも立派なリーダーが揃っていてほしいですね。説明会や面接の時には、こちらが面接で選ばれているとばかり考えず、こちらも相手を**「智《ち》・信《しん》・仁《じん》・勇《ゆう》・厳《げん》」**の観点で評価してみましょう。

最後の「法」とは、組織編制、人事、兵站《へいたん》確保などの管理能力を指しています。**要するにルールが徹底されて、組織的に動けているかどうか**です。

企業に置き換えても、まさにそのまま当てはまります。これはなかなか企業研究段階に、外から見ているだけでは分かりにくい点ですが、その会社に行き、社員さんと会って、会話してみたりする中で、その会社の空気を感じましょう。ピリッとして時間に正確な会社もあれば、ちょっと緩い感じでフレンドリーな会社もあります。社長と社員、上司と部下が同席しているような場面があれば、そのやり取りや雰囲気を見てみましょう。友人として遊びに行くなら緩いフレンドリーな会社が良いでしょうが、仕事となると程度の問題もありますね。自分なりに肌で感じる空気感があると思いますので、少し注意して観察してみましょう。

魅力的なビジョンがあるかどうか?

仕事をえらぶ、会社をえらぶ時に大事にしたいのが、そこに魅力的なビジョンがあるのかということです。五事の「道」とも重なるのですが、その会社が実現しようとしている未来、その仕事が社会に対して提供しようとしている価値を自分もやりたいな、実現したいなと思えるかどうかを考えてみてほしいと思います。

今はまだ学生で、仕事をしたこともないわけですから、そのビジョン実現にどれだけ貢献できるか、どれだけ活躍できるかは分からないけれども、実現に向けて手伝いたいと、そのビジョンにワクワクできたら、その仕事は会社のものではなく自分のものになります。

天下のトヨタでさえ、これから50年を考えたらどのようになるか分からないのに、どこかの会社が皆さんを一生支えてくれるなどと期待できません。その会社の五事やビジョンが素敵でも、将来どのようになるか分かりません。しかし会社に入って、自分の人生を保護してもらおうと思うのではなく、その会社が目指すビジョン実現の同志として参画したのだと思えば、仮にその会社が倒産してしまおうと消えてなくなろうと、そのビジョンの実現を目指して新たに起業しても良いし、そこには同じビジョンを目指した同じ会社の同志がいるでしょうから、その人たちに声をかけて共同で新会社を作って、そもそも目指していたビジョンをまた目指せば良いのです。

そのように考えれば、**会社に依存する必要もないし、自分のビジョンを実現するための舞台としてその会社がある**と思えます。

『孫子』は、組織を動かす方法としてこんな一節を残しています。

『軍《ぐん》政《せい》に曰《いわ》く、言《い》うも相聞《あいきこ》えず、故《ゆえ》に金鼓《きんこ》を為《つく》る。視《しめ》すも相見《あいみ》えず、故《ゆえ》に旌旗《せいき》を為《つく》る。是《こ》の故《ゆえ》に昼戦《ちゅうせん》に旌旗《せいき》多《おお》く、夜戦《やせん》に金鼓《きんこ》多《おお》し。夫《そ》れ、金鼓《きんこ》・旌旗《せいき》は人《ひと》の耳目《じもく》を一《いつ》にする所以《ゆえん》なり。人《ひと》既《すで》に専一《せんいつ》なれば、則《すなわ》ち勇者《ゆうしゃ》も独《ひと》り進《すす》むことを得《え》ず。怯者《きょうしゃ》も独《ひと》り退《しりぞ》くことを得《え》ず。此《こ》れ衆《しゅう》を用《もち》うるの法《ほう》なり』

軍を動かす時には、口で言っても聞こえないから鉦《かね》や太鼓など音の鳴るものを用意し、指で差しても遠くからは見えないから旗や幟《のぼり》な

ど目印になるものを用意する

と言うのです。そして、

昼間の戦いでは目が見えるから旗や幟を使い、夜は見えないから鉦や太鼓を使うのだ

と。肝心なのはここからで、

その金鼓・旌旗は時と場合に応じて使い分ける道具に過ぎず、大切なことは、人の耳目を一にすることなのだ

と言うわけです。全員の意識を統一する、皆の意識を一点に集中させるということでしょう。これができたら、勇敢な兵士が指示を待たずに勝手に攻撃を仕掛けることもないし、弱気な兵士が敵前逃亡することもなくなると。これが組織を動かす方法なのだと言うのです。

会社の掲げるビジョンが魅力的で、その実現に協力したいと感じるということは、この「孫子の兵法」が実践されている状態だということです。そのビジョンは金鼓・旌旗、すなわち組織を象徴する旗印です。その旗印を自分のものだと感じられたら、仮にその会社がなくなっても、その旗印を自分が立て直して、また仲間を集めれば良いのです。

そのように思えるビジョンを持った会社に出会えたら、素敵なことです。会社をえらんでいるように見えて仕事えらびができたことになります。

ブラック企業など恐れるに足らず　パワハラ上司がいたら逃げよう！

就職活動中の学生さんと接していて、あまりにもブラック企業を警戒し過ぎではないかと感じることがあります。就活サイトに情報を載せて、新卒採用をしているような会社に、そんなひどい会社はありません。これだけ世間で長時間労働だ、過労死だ、働き過ぎは良くないと騒いでいるのに、それを平気で社員に強要するような会社はないとは言いませんが、大っぴらに新卒採用などしていません。そもそも社員が自殺したら、会社も大変なのです。そのようなことにならないようにしようとほとんどの会社が考えています。

もちろん、会社自体に問題はなくても、パワハラ上司がいる可能性はあります。これは個人の感じ方の問題もありますし、人と人の相性のようなものも関係しますから、上司の側に悪気はなくても部下にとってはパワハラじゃないかと感じるようなこともあるでしょう。常識を超えたパワハラ上司もいるかもしれません。そのような場合には、我慢せずに、会社を辞めるか、辞める覚悟でその上の上司もしくは人事に訴えてみましょう。

「孫子の兵法」でも、

『用《よう》兵《へい》の法《ほう》は、少《すく》なければ則《すなわ》ち能《よ》く之《これ》を逃《のが》る。若《し》かざれば則《すなわ》ち能《よ》く之《これ》を避《よ》く』

という教えがあります。

敵の兵力と味方の兵力を比べて、もし味方が少なければ、逃げなさい。もし相手にならない程の差があれば、そもそも避けて近づくな

と言うわけです。

自分の手には負えないと思えば、逃げてＯＫ。**無理に我慢して死にたくなったりしたら、自分を否定し、自分に負けたことになりますから、「孫子の兵法」を学んだ甲斐がない**ことになります。人生に勝たなければならないのに、このようなところでパワハラ野郎に負けてしまったり、それによって自分を否定してしまったりしたら、もったいないです。

ブラック企業に「御社はブラック企業ですか？」と聞いて「はい、ブラックです」と答えるわけはありませんし、ホワイト企業だと思っても、その中にたまたまパワハラ上司やセクハラ上司がいたら、本人にとってはブラックになりますから、仕事えらびの時点でブラック企業を必要以上に恐れる必要はありません。そしてパワハラ上司がいるかどうかは事前に判別できませんから、もしいたら逃げましょう。

会社訪問したら予兆を察知せよ！　孫子流チェックポイント

『孫子』は、様々な事象から敵の動きをつかむポイントをアドバイスしています。

『衆《しゅう》樹《じゅ》の動《うご》く者《もの》は、来《きた》るなり。衆《しゅう》草《そう》の障《さわり》多《おお》き者《もの》は、疑《ぎ》なり。鳥《とり》の起《た》つ者《もの》は、伏《ふく》なり。獣《けもの》の駭《おどろ》く者《もの》は覆《ふう》なり。塵《ちり》高《たか》くして鋭《するど》き者《もの》は、車《くるま》の来《きた》るなり』

多くの樹木がざわめき動くのは、敵が進撃して来ているのである。多くの草を覆いかぶせて置いてあるのは、伏兵を疑わせるためである。鳥が飛び立つのは伏兵がいるのを示している。獣が驚いて走り出して来るのは、敵の奇襲攻撃である。砂塵が高く舞い上がり、その先が尖っている場合は、戦車部隊が進撃して来ているのである

といった感じです。

他にもいろいろアドバイスをしているのですが、それをそのまま現代の仕事えらびに活かすことはできませんので、これくらいにしておきます。

要するに、**物事には予兆があって、少しの変化を見逃さず注意深く敵を観察すれば、見えないはずのものが見えてくる**ということです。

『孫子』が細かく具体的にアドバイスしたように、説明会や面接などで会社を訪問したら、チェックすべきポイントをいくつか挙げておきましょう。

立地：最寄駅から近く、利便性の高いところにある会社は採用に熱心。

業種にもよりますが、人手不足の時代ですから、工場などを除けばなるべく便利な場所で人を採用しやすくすることを企業は考えています。逆に、そこに無駄なコストをかけない企業は、人の定着が良くて採用に困っていないということも考えられます。

建物：どのように立派なビルでも自社物件でなければリッチな会社だと思うな。

好立地でビル名にその企業名が入っていて、見た目も立派なら、その企業は相応の資産と事業の蓄積を持っていると思って良いですが、どのように立派なビルにオフィスがあっても、賃貸で借りている場合には、高い家賃を払える会社ではあるけれども、そのビルの立派さと会社の価値とは切り離して考えた方が良いでしょう。

受付：簡素な受付にはコスト意識が現れる。

受付には綺麗なユニフォームをまとった受付担当者がいて、ゴージャスな内装とゆとりのあるスペースがあると企業としての余裕が感じられます。その一方、中堅・中小企業で良く見られる、無駄を排除して、簡素で分かりやすい受付電話が置いてあるだけというのも、コスト意識があって素敵なことです。受付では利益を生みませんから。ただし、簡素であっても、清掃が行き届き、初めて来た人にも分かりやすい案内があるかどうかは要チェック。

エレベーター：エレベーター内でペチャクチャと会話をする人がいたら会社のモラルを疑え。

エレベーター内で、どう見ても就職活動中と思しき人が乗り合わせているのに、ペチャクチャと話をしているような社員がいるようですと、来客に対する意識や情報の扱いについての意識が低いのではないかと疑うべきでしょう。複数の会社が入っているビルのエレベーターでは、どこの社員かは分かりませんので、その人が降りる階をチェックしておきましょう。

すれ違う人：社内で他の社員とすれ違った時に、挨拶もせずにスルーする会社は、社内の雰囲気が良くない。

同じ会社の人どうしが、社内ですれ違ったりすると「お疲れ様です」といった挨拶を交わすのが一般的です。皆さんがその会社を訪れている場合に、「こんにちは」とか「いらっしゃいませ」と声をかけたり、少なくとも会釈をするくらいでなければ、その会社には、よそよそしい他人事の空気が漂っているかもしれません。

応接室：応接室が古びて、椅子などが傷んだ感じを受けたら、来客、顧客への気配りに問題があると考えよう。

受付や応接室などは、社外の人の目に触れる部分であり、来客へのもてなしを考えて少しでも豪華、高級、上品なものにしたいと考える場所です。そこが古びていたり、傷んでいたりしたら、さらに内部は推して知るべし。応接室の配慮は、その会社の顧客対応の質が現れていると考えましょう。

コーヒー・飲み物：使い捨てカップが出て来たら、女性の活躍余地が大きい。

高級な器にコーヒーやお茶を淹れてくれる会社は、来客に対するもてなしがあって悪くはないのですが、使った器は洗わなければなりません。そのような作業を排除するために使い捨てのカップを利用する会社も増えてきました。かつては女性が洗い物をすることが多かったですから、女性にそのような仕事を押しつけないためにもそこは簡素化していこうと考えると使い捨てカップを利用しようということになります。もちろんエコロジーへの配慮はどうかといった問題もありますが。

標語：社内に貼ってある標語のレベルでその会社のレベルを知る。

社内の壁、廊下、応接室などに、その会社の標語（社員に呼び掛けるメッセージやキャッチフレーズ）が大きく貼られていたりすることがあります。額に入って賞状のようになっていたりもします。その内容をチェックしましょう。その標語が、小学生か！　と突っ込みたくなるような「挨拶をしましょう」「使ったものは元に戻しましょう」といったものだったら、そのようなことができていなくて、社内に呼びかけている会社なのだと分かります。ちなみに、工場や建設現場などでは安全や衛生といった、当たり前のことを徹底しなければならない事情もあり、外部の業者さんなども出入りしたりするので、「当たり前だろ」と突っ込みたくなっても許してあげましょう。大切なことなのです。しかし、そのレベルの標語がオフィス内にもベタベタと貼られていたりしたら要注意です。

トイレ：個室にこもって聞き耳を立ててみよう。

トイレというのは、どうしても汚れがちな場所ですから、清掃が徹底されているかどうかは、その会社の質を感じるポイントです。大規模なオフィスビルだと最近は清掃業者に委託されていることが多いので、トイレを見ただけでは判断ができません。そこで、時間があれば、少し個室にこもって、トイレ内での社員さんの会話に聞き耳を立ててみましょう。仕事の愚痴や他人の陰口など、分かりやすい会話もあるでしょうし、トイレという気の緩みがちな場所だけに、社員さんの本音が聞けたり、会話のトーンから前向きか後ろ向きかといったことは読み取れるはずです。

もちろん、同じフロアに複数の会社が入っているようなところでは、どこの会社の人か分かりにくいので要注意。ご迷惑になるのであまり長居もしてはいけません。間諜になったつもりで、諜報活動してみましょう。

ゴミ：落ちているのは仕方ないが放置されていたらアウト。

社内に入って、ゴミが落ちていたりしたら、そこで拾ってあげたいのを我慢して、帰りにそこを通る時にゴミがなくなっているかどうかをチェックしてみましょう。そもそもゴミが落ちていたりしてはいけないわけですが、多くの人がそこで活動している職場ですから、たまたま落ちてしまうこともあるでしょう。それだけでは判断がつきません。しかし、そのゴミが放置されるようでは、その会社の社員さんの意識が低いのではないかと疑わざるをえません。自分の職場であり自分の会社だという意識が薄いのか、ゴミが落ちていたりするのが当たり前になって感覚が麻痺しているのか、いずれにしても良いことではないですね。落ちていた場所を覚えておいて帰りにチェックしましょう。もし放置されていたら残念ながらアウトです。帰りにゴミを見つけたらどうするか? アウト判定ですがそこは一応拾ってあげて、ゴミも見逃さない感度の高い学生ですよとアピール。

「五事」という5つの観点を使い、
その会社がどんな会社か
事前にチェックしよう!

第5章

『己《おのれ》を知《し》る』

「自分」のことを
徹底的に見つめ直し、
長所を活かし、
短所を克服する
作戦を立てよう！

『彼を知』ったら、次は『己を知る』です。

第2章でも、『己を知る』ことを考えてみましたし、人生や就職について考えれば、自ずと自分自身について考えたりしているはずです。自分への理解は進みましたか？

ここでは、いよいよ仕事えらび、就職活動を始めたところで、再度『己を知る』ということについて考えてみましょう。彼を知ろうと就職サイトを見たり、説明会に出かけたり、面接を受けてみたりする中で、改めて自分自身について発見があったり気付きがあるはずだからです。

未経験のものが多いのに、過去の経験だけで自分の得意不得意や好き嫌いを判断してはならない！

第2章で、「わずかな経験しかないのに分かったつもりにならないようにしよう」と書きました。皆さんは、仕事をしたこともない、会社という組織に属したこともない、真っさらな状態なのですから、変な先入観で自分を知るチャンスを逃さないようにしてほしいと思います。

たとえば、学校の勉強と仕事は違いますから、英語の勉強が得意だったからと言って、仕事で海外のビジネスを成功させられるかどうかは分かりませんね。ビジネスを成功に導くためには言語だけでなく、行動力や他人からの協力を得る力なども必要になります。英語は苦手だと思っていたけど、実際に海外に行ってみて、現地の人の中に入り込んだら、片言の英語と身振り手振りで何とかビジネスを推進することができ、気付いたら英語もしゃべれるようになっていました……というようなことがあります。

理系の大学院で学び、その専門の道に進もうとするような人を除いて、学生時代の成績や科目ごとの得意不得意などあまりあてにはなりません。自分で得意だと思うことは良いことですから活かせる道を探すのも良いでしょうが、不得意だなと思うことを必要以上に避けることは止めましょう。学校の授業は面白くなかったけど、仕事として取り組んだら案外面白くて、得意になったということも少なくありません。私なんて高校の古典には、まるで興味もなく訳も分かっていませんでしたが、今では中国古典の『孫子』を得意分野にしています。

学校の科目や成績の話とは別に、「人と会うのが好きです」「人と接することが得意です」などと言う学生さんに良く遭遇します。だから「人と接する仕事がしたい」と言うわけです。得意なことがあるのは良いことです。そしてこのようなことを言う学生さんは明るく社交的な感じの人が多いのも事実です。

しかし、実際に就職し、仕事を始めてみると、「どこが人と接するのが得意なの？」と言いたくなるようなことになってしまう人がいたりします。恐らく、自分と同年代の友人や多少の差しかない先輩後輩くらいの相手とは明るく楽しく接することができるのでしょう。しかし、いざ仕事となると、人と言っても会うのはだいたい年上で、多くの場合、自分の親やおじいちゃん、おばあちゃん世代だったりします。そうすると全然言いたいことも言えず、コミュニケーションが成立しない……。同年代と話したりするのとは話題も違いますしね。気の合う人、趣味が同じ人などと接するのが好きだというのと、仕事で初対面の人と、時に怒られたりすることもあるような場面で接するのとは、大きな違いがあるのです。

思い込みを捨て、仕事えらび、就活の範囲を拡げながら、自分自身への理解も深めていきましょう。

小競り合いして、試してみて、食べてみて、やってみて、それから判断せよ　占いで決めるな

なるべくたくさんの仕事を調べてみる、なるべくたくさんの会社を訪問してみる、な

るべくたくさんの業界を研究してみる、彼を知ろうとする活動が、己を知る活動にもなります。

『孫子』は、敵と対峙した時には、ちょっと小競り合いでもしてみたら良いとアドバイスしています。

『之《これ》を策《はか》りて得《とく》失《しつ》の計《けい》を知《し》り、之《これ》を作《おこ》して動《どう》静《せい》の理《り》を知《し》り、之《これ》を形《あらわ》して死《し》生《せい》の地《ち》を知《し》り、之《これ》に角《ふ》れて、有《ゆう》余《よ》不《ふ》足《そく》の処《ところ》を知《し》る』

敵の意図を見抜いて敵の利害、損得を知り、敵に揺さぶりをかけて、その行動基準をつかみ、敵の態勢を把握して、その強み弱みを明らかにして、敵軍と小競り合いしてみて、優勢な部分とそうではない部分をつかめ

という意味です。

『彼を知り己を知る』にも、机上であれこれ考えているだけでなく、実際に現地に行ってみて、触ってみて、やりとりしてみて、分かることがあるのです。いきなり全力で激突する前に、小手調べで小競り合いをして敵と味方の力関係をつかんでおきたいのです。

就職活動では、これがインターンシップであり、リクルーターとの接触であり、説明会であり、面接なのです。実際にやりとりしてみて初めて気付くこともあるでしょうし、自分の意外な面を発見するかもしれません。食わず嫌いをせず、ちょっと試食くらいしてみると良いのです。それによって、ピンとくる仕事に出会えるかもしれませんし、その仕事にピンとくる自分に驚くこともあるかもしれません。意外な自分が発見できるかも。

私の会社は、経営コンサルティング会社なのですが、説明会などにやってくる学生さんのほとんどは「経営コンサルティング」という仕事なんて知りませんし、ちょっとした興味を持ってたまたまやってきたという人が少なくありません。普通、高校生や大学生で「経営コンサルティング」を知っている人はいませんから、「経営コンサルタントをずっと目指していました」と言われても怪しいですしね。でもそこで話を聞いて、興味が深まり、志望してくれる学生さんが少なくありません。実は私自身もそうです。いろいろな業界の気になった企業を回っていたのですが、たまたまある経営コンサルティング会社の説明会に参加して、そこで自分にはこの仕事が合っているのではないか、この仕事は面白そうだと感じたわけです。**自分を知ろう、自分を分析しようとしているだけでは気付かなかったはずです。**

また、自分のことが良く分からないからと、己を知るために占いなどで判断しないようにしてください。『孫子』は2500年前に、占いやお祈りで決めるのではなく、**ちゃんと人間が直接情報をとって判断するように**と釘を刺しています。21世紀に生きる皆さんが占いで決めていてはまずいですね。

どうしてもやりたくないこと、どうにも苦手なこと以外は先入観を持たずにやってみる

もちろん、時間には限りがあり、短期決戦が基本ですから、何でもかんでも取り組んでみるわけにもいかないでしょう。どうしてもやりたくないこと、どうにも苦手だと思うものは後回しでOK。しかしそれ以外は、是非チャレンジしてみてください。

どうしてもやりたくない、どうにもこれだけは苦手だと感じることや仕事があったら、その理由は何か振り返ってみるのも良いでしょう。なぜ自分はそう感じるのでしょうか?

どんな体験・経験があったのでしょうか？　誰かからの影響でしょうか？

理由が分かれば、単なる思い込み、気にし過ぎだったりするかもしれませんし、その理由から自己認識が深まるかもしれません。

就職活動は、大手を振っていろいろな企業を訪問できる、社会を知るためのチャンスです。時間が許せば、嫌だな、やりたくないなと思うような会社や業界にも、敢えて行ってみるくらいの勢いで取り組んでみましょう。

長所の裏には短所　プラスにはマイナスがある！

なぜなら、何事にもプラスがあればマイナスがあり、長所の裏には短所があり、表と裏があるものだからです。

これも『孫子』の教えです。

『孫子』は、

『智《ち》者《しゃ》の慮《おもんぱかり》は、必《かなら》ず利《り》害《がい》を雑《まじ》う。利《り》に雑《まじ》うれば、而《すなわ》ち務《つとめ》は信《まこと》なる可《べ》し。害《がい》に雑《まじ》うれば、而《すなわ》ち患《うれ》いは解《と》く可《べ》し』

と教えてくれています。

智将が物事を考え、判断する時は、必ず利と害の両面を合わせて熟考するものである。有利なことにもその不利な面を合わせて考えるから、成し遂げようとしたことがその通りに運ぶ。不利なことに対しても、その利点を考えるから憂いを除き、困難を乗り越えることができるのだ

と言うのです。

明るい人も度を越すとお調子者に思えたり、おとなしい人は冷静で分別がある人とも言えますね。自信満々な人は、自信過剰で慢心してしまうマイナスにもつながるでしょうし、何事にも自信がなくてエントリーシートに何を書いたら良いのかと困っているような人は、慎重で遠慮深い人なのでしょう。

良い面があれば、その裏には必ずマイナスもあると考えて慎重に事を進めれば良いのです。**悪い面や良くないことがあれば、それをプラスに転じるにはどうすれば良いか考**

えてみましょう。マイナスがかえってプラスに活きることや場面があるはずです。

やりたいことがなくてもいい　夢がなくてもいい
もしあるなら目指してみればいい

就職活動のノウハウ本を読んだら、まず自己分析、自分研究をしなさいと書いてあり、そこでは、やりたいことは何か？　夢は何か？　と必ず問われます。

皆さんは、やりたいことがありますか？　夢はありますか？

やりたいことや夢があって、できる！　やれる！　できそうだ！　やれそうだ！　と思えるなら、チャレンジしてみれば良いでしょう。

私は、小学校から大学までずっとサッカーをしていましたから、17歳くらいの時には漠然とサッカー選手になりたいななんて考えたこともありました。当時はまだJリーグもなかったのですが……。サッカーが好きだったのです。朝練は当たり前、授業中も早くサッカー部の練習がしたかったですし、昼休みにも友人たちとサッカーです。正月にも天皇杯や高校サッカーをテレビで見て興奮し、じっとしていられなくなって友人を誘ってボールを蹴りました。今でもサッカーは大好きです。

しかし、高校の時の練習に、先輩が連れてきた日本代表候補という人のプレイを見て、「これはダメだな」と悟りました（笑）。ボールが足に吸い付いているように見えました。自分なりにはそこそこ上手なつもりでいましたが、全然通用しません。「井の中の蛙」じゃダメですね。

やりたいから、好きだからというだけで、職業にできるほど世の中甘くないです。皆さんはどうでしょうか？　やりたいこと、夢はありますか？　それを仕事にできそうですか？

恥ずかしいのですが、もう1つ私の話をしましょうか。私は、中学・高校でバンドもやっていてギターを弾いていました。サッカー小僧でもありましたが、ギターにも興味がありました。高校の時にはコンテストに出たりしたこともあります。今でもギターを弾いたりします。オジサンはお金があるので、高校生の時には買えなかった高いギターを買って喜んでいます。バンドを組んでいるわけでもないのに（笑）。

「バンドでデビューしたらカッコいいのになぁ」と憧れたことはあります。実は同じバンドでベースを弾いていた友人はデビューしてプロになりました。今も活躍しています。もしかしたら私にもチャンスがあったかもしれませんが、どのように考えても自分にプロになるだけのセンスがあるようには思えませんでした。好きでしたし、やってみたい気持ちはありましたが、それを仕事にできるかどうかはまた別ですね。

なぜ、私の話をしているのかと言うと、「やりたいことや夢はあるかもしれないけど、そう簡単にそれが仕事になることはないですし、そうであれば別にやりたいことや夢なんかなくても卑下することもないですよ」と言いたいからです。

夢もない、夢があってもなれそうもないからこそ仕事えらびです。就職してからその道のプロとして修行を積み、一流を目指したらいいのです。

私は、サッカー選手の夢も、ギタリストへの淡い憧れも諦めて、普通に就職活動に取り組んで、たまたま「経営コンサルタント」になりました。今では、プロの「経営コンサルタント」として結構稼いでいます（笑）。海外のビッグクラブに移籍するような選手ほどは稼げませんが、彼らは現役期間が短いですしね。こちらは歳とっておじいちゃんになってもやれますから。お金を稼げばいいというものではありませんが、夢を追いかけなくても道はありますよということです。

今でもギターを弾くのもサッカーも好きですが、「経営コンサルティング」も大好きです。日々企業経営をどう改善するかを考えていて、それも楽しいですし、このように本の執筆をしたりしています。本が私にとってのCD販売みたいなものでしょうか。CD販売とか言っているのがちょっと古い感じですが……。

やりたいことや夢があればもちろん素敵なことですし、チャレンジするのは素晴らしいのですが、それがなかったからと言って困ることはないですし、夢を諦めたからと言って人生は他にもいろいろ挑戦できることがありますから心配無用です。

人格は高まらない　人間力って何だ？　難しく考えてはならない

就職活動のノウハウ本には、やりたいことは何か？　夢は何か？　の後に、人間力を磨け、自分を高めよみたいなことが良く書いてあります。皆さんが読んだ本にも書いてありましたか？

参考にするのは良いですが、それができていなくても気にしないこと。17歳から20代の若者に、人格や人間力を期待している会社はありません。

私がチェックした就活ノウハウ本には、30項目の条件が書かれていましたが、全部できるヤツはいないだろ!!　と思わず突っ込みました。私ももちろん不合格です。恐らく、**どこの企業の人事の人も、面接官も、完璧な人はいませんから大丈夫です。**

20歳前後の若者が人格者だったら、オジサンたちは困ってしまいます。だいたい人格や人間力なんてものを短期間で醸成するのは無理ですから、もう皆さんの仕事えらび、就職活動には間に合いません。自分を振り返るポイントとして参考にしても良いですが、できていないからと自信を失わないように。

もちろん、人としての最低限のマナーや節度は必要です。人と会ったら挨拶するとか、人の話は素直に聞くとか、時間や約束は守りましょうとかです。高校や大学で友人や先輩後輩の間でも必要とされるようなマナーです。

社会人だからといって特別なことはありません。難しく考え過ぎないようにしましょう。自分のことは「私」と言うとか、相手の会社のことを「御社」と言うとか、普段遣わないような言葉もありますが、ついついしゃべっていたら熱くなって「私」と言うのを忘れて「僕」って言ってしまったなんて、私のようなオジサンからしたら可愛らしいものです。一生懸命さや必死さが伝わって来て好感が持てるくらいです。ただし、受け止め方は人にもよるので気をつけてください。私も、面接で最初から「僕」「僕」と言われたりしたら、「ちゃんと準備くらいして来いよ」と思ってしまいます。

逆に言えば、企業の面接官や人事の人は、学生さんのその時点での人間力を見ていますから、小手先のテクニックとかちょっとした言葉遣いの間違いのような枝葉を重視はしていません。**その人の本質や中身、未来の可能性を見抜きたいのであって、マナー検定をしたいわけではない**ですからね。就職活動で焦って修正して誤魔化そうとしても、そう簡単には誤魔化せません。

自分に足りないと思う点は突っ込まれる前に補強しておこう！

ノウハウ本を参考にしても良いし、ご両親や先輩からのアドバイスももらったりして、さらに自分なりに考えて、自分でもできていないな、自分に足りないなと思う点は、改善し、補強しておきましょう。

面接の時だけうまいことやって誤魔化してやろうとしてもうまく行きませんから、その先の社会人生活も踏まえて、直すべきことは直す努力を始めましょう。面接は短時間だから何とか誤魔化せても、仕事を始めたらすぐにバレますからね。

『孫子』は、

『用《よう》兵《へい》の法《ほう》は、その来《き》たらざるを恃《たの》むこと無《な》く吾《わ》が以《もっ》て待《ま》つこと有《あ》るを恃《たの》むなり。其《そ》の攻《せ》めざるを恃《たの》むこと無《な》く、吾《わ》が攻《せ》む可《べ》からざる所《ところ》有《あ》るを恃《たの》むなり』

と教えてくれています。

用兵の原則としては、敵がやって来ないだろうという憶測をあてにするのではなく、自軍に敵がいつやって来てもよいだけの備えがあることを頼みとする。また、敵が攻撃して来ないことをあてにするのではなく、自軍に敵が攻撃できないだけの態勢があることを頼みとするべきだ

と言うのです。

『孫子』は負けないことを重視していますから、まずは守りを固めて、いつ攻められてもいいように準備したのです。**「どうか攻めて来ませんように」と祈っているヒマがあったら、「攻められてもいいように備えておけ」**ということです。

仕事えらびや就職活動の中で、自分の弱点や不得手なことに気付いたら、せっかくですから、そこを修復、克服していきましょう。「面接で突っ込まれませんように」「どうか弱点がバレませんように」と祈っているだけではダメです。仕事えらびや就活は、そこだけ乗り切れば良いのではなく、その後50年続くビジネス人生のスタートですから。

仕事えらびの時点でできていないな、改善しないといけないなと感じるようなことは、仕事を始めてからも必要なことなのですから、「まぁ、何とかなるだろう」という甘えは捨てて戦いに備えましょう。

やるしかない状況に自分を置いてみる

『彼を知る』のも面倒なのに、『己を知る』のは自分の至らない点、改善が必要な点に向き合わないといけなくなったりして余計に面倒ですね。もう就職活動が嫌になりましたか?

初めてのことに挑戦するのは大変ですよね。リクルートスーツも着ないといけないし、髪型などもおとなしめにしたりして。男性はネクタイが嫌でしょう。暑いしね。

会社訪問するにも交通費がかかるし、地方の学生さんが東京の会社に行こうと思ったら交通費に宿泊費もかかります。こんなことを考えてしまって、就職活動へのモチベーションが急落してしまう人も多いようです。

『孫子』の時代にも、そんなモチベーションの低い兵士が多くて苦労したようです。そこでこんなことを言っています。

『之《これ》を亡《ぼう》地《ち》に投《とう》じて然《しか》る後《のち》に存《そん》し、之《これ》を死《し》地《ち》に陥《おとしい》れて然《しか》る後《のち》に生《い》く』

軍を滅亡必至の状況に投入してこそ初めて生き残るのであり、軍を死ぬしかない状況に陥れてこそ初めて生き延びるのだ

と。

戦わなければ殺されてしまう、やるしかない状況に兵士を追い込んでこそ、彼らは全力を出し、必死で戦って、生き残る可能性を生み出すものなのだ

と言うのです。

中途半端な気持ちで、ダラダラとモチベーションの低い状態で戦場に出たら、それこそ簡単に敵にやられて死んでしまうことになるということです。

就職活動に対するモチベーションを失っている人は、この『孫子』の教えを肝に銘じておきましょう。「面倒くさいな」「イヤだな」と言いたくなる気持ちは分かりますが、そのような調子で、中途半端に就職活動に入っていくと、やる気満々の就活生に先を越され、面接官にめった斬りにされ、「そんなことじゃ内定もらえないぞ」なんて余計な説教まで食らうことになりかねません。

再度、第1章を読み返し、「就職は人生の大事」であることを思い出して、「やるしかない」と覚悟を決めること。戦争とは違って本当に死ぬわけではないのですから、エントリーしまくり、説明会の予定を入れまくって、イヤでもやるしかない状況を自ら作り出しましょう。自らが将軍となり、自分の弱い心をやる気のない兵士だと思って、**自分自身を戦うしかない状況に追い込んでみてください。**

中途半端にダラダラやって長期戦になるより、一気に頑張って短期決戦で乗り切るのが一番の戦い方です。『孫子』の教えを活用しましょう。

考えは変わって良い　就活は水の如し

仕事えらび、就職活動を進めて行くと、最初に考えていた志望職種が変わり、志望業界も変わり、自己認識も変わってきて、何だか自分自身や自分の考えがコロコロ変わってしまったように感じることがあるかもしれません。しかし、それでいいのです。敵とぶつかってみて初めて気付くこともあるのだし、自分の可能性や適性に自分が気付いていなかったということも良くあることです。

最初はイメージだけで、有名企業、大企業、外資系企業などを志望していたけれども、実際にインターンシップを経験したり、説明会に行ってみたり、先輩社員に会ってみたりする中で、イメージとは違うことに気付くこともあるでしょう。たまたま行ってみた中堅企業、中小企業、ベンチャー企業の話を聞いて、実態を見てみるとすごく興味を持ったということも少なくないはずです。

そのような考えの変化や意識の変化は、単に変節してしまったのではなく、学習の結果であり、成長の証であり、世間を知った上でのより良い判断なのです。何しろ、仕事えらびも初めてだし、社会人になったことはないのだし、先生や親や先輩から聞いていた話はすべて疑似体験であって実体験とは違いますから、やってみたら感じ方が違ったということがあって当然なのです。最初の志望や考えに固執せず、柔軟に進めましょう。

『孫子』は、

『兵《へい》の形《かたち》は水《みず》に象《かたど》る。水《みず》の行《こう》は高《たか》きを避《さ》けて下《ひく》きに走《はし》る。兵《へい》の勝《かち》は実《じつ》を避《さ》けて虚《きょ》を撃《う》つ』

と教えてくれています。

軍の形は水に喩《たと》えることができる。水は高いところを避けて、低いところへと流れる。軍も敵の兵力が充実した「実」の地を避けて、手薄になっている「虚」の地を攻めることで勝利を得るのだ

と。

まるで水が地形に沿って流れを変えるように、敵に合わせ、地形に合わせて柔軟に陣形を変え、敵が手薄になっている隙間にスーッと入り込んで行けば良いのです。**就活も水の如し。**就活によって社会という地形をつかんだら、それに沿った動きに変えていきましょう。それによって勢いが増せば、ただ地形に沿って流れるだけでなく、堤防を破り、土砂をも流す力を持つのが水です。**柔軟だからこそ勢いを増し、敵を動かして行くこともできるようになるのです。**

これを『積水《せきすい》の計《けい》』と言います。
『孫子』は、

『勝者《しょうしゃ》の民《たみ》を戦《たたか》わしむるや、積《せき》水《すい》を千《せん》仞《じん》の谷《たに》に決《けっ》するが若《ごと》き者《もの》は、形《かたち》なり』

と説きました。

戦いに勝利する者は、人民を戦闘させるにあたり、満々とたたえた水を深い谷底へ一気に決壊させるような勢いを作り出すものだ

と。

それが勝つための形である

と言うのです。水をダムのように貯めれば大きな力を生み出すわけです。

大して力もなく、勢いもないのに、地形や社会に逆らっていては、流れは止まって、ただの水たまり程度にしかなりません。

自分を見つめ直すと
「長所の裏に短所」が見えたりする。
必ず両者を併せ考えよう。

第6章

『必《かなら》ず人《ひと》に取《と》りて敵《てき》の情《じょう》を知《し》る者《もの》なり』

「スパイ」を使って
「相手の情報」をつかみ、
優位に立とう！

『孫子』は、全部で13篇からなる兵法書なのですが、そのうちの1つに、「用間篇《ようかんへん》」という間諜《かんちょう》、スパイの活用の仕方について述べた篇があるほど、諜報活動を重要視しています。

『孫子』の基本である、『彼を知り己を知る』のも間諜による情報収集、諜報活動があってこそ成り立つものですし、敵の情報をつかむには、神仏に祈ったり、祈禱したりするのではなく、

『必《かなら》ず人《ひと》に取《と》りて敵《てき》の情《じょう》を知《し》る者《もの》なり』

と、

必ず人間（間諜）が動いて情報を取るように

と念を押しているほどです。

したがって、「孫子流」仕事えらびで、間諜の使い方を取り上げないわけには行きませんので、この章では、「用間篇」のごとくスパイの使い方を考えてみましょう。

間諜には5種類あり！

『孫子』は、

『間《かん》を用《もち》うるに五《ご》有《あ》り。因《いん》間《かん》有《あ》り。内《ない》間《かん》有《あ》り。反《はん》間《かん》有《あ》り。死《し》間《かん》有《あ》り。生《せい》間《かん》有《あ》り』

と、

間諜には5種類ある

と教えてくれています。

因間とは、敵国の村里にいる一般人を使って諜報をすることを指します。内間とは、敵国の官吏などを利用し内通させることを言います。反間とは、自国に潜り込んでいる敵国の間諜を見つけ、逆に利用することです。死間とは、敵国に潜入し、偽情報や誤情報を流すことで敵を欺《あざむ》き、敵がその偽情報に乗せられて動くようにする者のことです。偽情報を流したことが露見すると命が危うくなります。生間とは、敵国に侵入して諜報活動を行ってから生還して報告を行う者のことです。

この5つの間諜を現代の就職活動に当てはめて考えてみましょう。

因間：その会社の内部だが採用に関わらない人や周辺にいる人間を利用する。

調べたい会社に先輩社員がいたりすると情報をもらいやすいかもしれません。同業界の別の会社でも評判を聞いたりすると良いでしょう。取引先で知り合いはいないか、近所のお店に入って何時頃まで仕事をしているか聞いてみたり。

内間：その会社の内部にいる人間をスパイにする。

受付の人や応接室などに案内してくれた人と会話して顔見知りになり、言葉を交わすようにでもなっておくと、何度か行く内に情報を聞き出したりできるかもしれません。若手社員との面談やインターン時にも社員の本音を聞き出してみましょう。

反間：敵のスパイを逆利用しこちらのスパイにしてしまう。

リクルーターは、たとえ学校の先輩であってもあなたの情報を収集している敵のスパイだと考えましょう。採用活動に携わっている人事の担当者も同様。情報も取られますが、うまく引き出せば、採用の日程や選考基準など突っ込んだ情報も取れるかもしれません。

死間：死ぬ（選考漏れ）からこそ聞ける情報を取ってくる。

同じ会社を受けている他の学生と仲良くなっておいて間諜にしましょう。残念ながら選考漏れになってしまったライバルからは、どのような断られ方をするか、いつ連絡があったかといった死間にしか分からない情報をもらえます。

生間：生還者（内定者）だからこそ分かる情報をもらう。

ライバルの学生たちと仲良くなって連絡が取れるようにしておけば、死間もしくは生間となります。選考をパスした、「内々定」をもらった、という情報は生間からしか取れません。いつのタイミングで「内々定」が出たかといった情報は貴重です。

どうでしょう？　いろいろな間諜がいますね。自分自身が間諜の意識で情報収集に努めるとともに、「五間」を使ってさらに諜報活動の幅を広げましょう。

先輩や親や先生の言うことは一応聞いておこう 先人の智恵は活かせ!

「頭が固い」「考えが古い」「時代が違う」「説教くさい話はいらない」と言いたいこともあるでしょうが、**先輩や親、先生など、皆さんより先に就職し、仕事をし、給料を稼ぐという経験をしている先人、先達からの言葉は、ありがたく聞いておきましょう。**

自分がまだしていない経験を先に試しにやっておいてくれたと思えば、ありがたいものです。年齢差のあまりない先輩の話は多少偉そうな話だったとしても聞き入れやすいかもしれません。親や先生はどうでしょう?

私も子供にアドバイスしようとしたら、面倒くさそうにされて心が折れました(笑)。親の話は多少古くて時代も違うでしょうが、長い経験があるからこそ言えることや気付きもありますから、聞いておいて損はないと思います。17歳から20代の人の親となると40~50代でしょうから、組織の長として部下を持った経験もあるかもしれませんし、昇進して嬉しかったこともあれば、左遷されてしまったといった失敗談もあるかもしれません。結婚や子供が生まれたりした時にどのような働き方ができたかといった話も親世代だからこそ語れることです。

もちろん、今とは違うことや古いこともあるでしょうし、人によって感じ方も考え方も違うわけですから、「自分は自分」という気持ちもあるでしょう。しかし、聞いた後にどのようにするかは自分が決めれば良いのであって、**初めから聞く耳も持たないのはもったいないです。**

『孫子』も、

『塗《みち》に由《よ》らざる所《ところ》有《あ》り。軍《ぐん》に撃《う》たざる所《ところ》有《あ》り。城《しろ》に攻《せ》めざる所《ところ》有《あ》り。地《ち》に争《あらそ》わざる所《ところ》有《あ》り。君命《くんめい》に受《う》けざる所《ところ》有《あ》り』

と教えてくれています。

過去からの経験則によって、通ってはいけない道があり、攻撃してはいけない敵もあり、攻めてはいけない城もあり、奪ってはならない土地もある

と言うのです。これが先人の智恵です。そして、

これらに反するようなら、たとえ君命であったとしても受けてはならない命令もあるのだ

と言っています。

やはり、過去に何人もの人たちが、同じような失敗を繰り返して、「これはまずいな」「ここは通ってはいけないな」と気付いたことや発見したことがあるわけです。せっかくそのような智恵があるなら、なるべくそのような知識は得ておいて、失敗しないようにしたいですね。失敗してから気付いては遅いわけですから。そして、「場合によっては、君命でも従わなくて良い」と言っていますから、いろいろな人の話を聞き、間諜からの情報を総合して、皆さんが自ら決定するなら、たとえ親や先生や先輩が言うことであっても従わなくて良いこともあると思っておきましょう。ただしそれは初めから聞かなくて良いということではないのです。

新卒向け就職紹介会社もある

情報を集める、幅広い視野で仕事えらびに臨むという点で、新卒向けの紹介サービスも無視できなくなってきました。紹介会社によって多少やり方は違うと思いますが、登録すると「キャリアカウンセラー」などと呼ばれるアドバイザーに相談できて、相談者に合った会社を紹介してくれるというものです。

一般の就職情報サイトは、自分で仕事を探す、会社を探すという能動的なアクションが前提ですが、それだけではどうしても偏ったり、遅れ遅れになったり、知名度のない会社にはアプローチしなかったりということがあります。その弱点を補ってくれるのが、紹介会社です。

自分だけでは行き詰まってしまったとか、相談できる人が身近にいないといった場合には、ある種の間諜としてうまく活用してみましょう。

ただし、紹介会社もビジネスであり、単なる親切なお兄さん、お姉さんではありません。皆さんがその会社の紹介で、ある企業に就職内定したら、その企業が紹介会社に紹介料を支払う仕組みになっていることを忘れないように。

学生さんに知名度はないけれども優良企業であり、仕事も面白いといった企業を教えてくれる可能性があるのですが、裏を返せば、知名度もなくて学生さんからの応募も少ないから紹介会社に依頼して紹介料を支払ってでも皆さんを採用したいと考えている会社であるとも言えます。

そのようなことをしなくても、学生さんからのエントリーが殺到して選考するのも大変だという企業は、紹介会社を使う必要もないですからね。

「孫子流」仕事えらびは、兵法ですから、本音ベースでシビアに行きましょう。世の中にそれほど甘い話はないということです。

SNS就職サービスも

もっと言えば、SNSなどを利用して、放っておいても企業の側からスカウト連絡が来たりするサービスも登場してきています。

学生さんは自分のプロフィールを登録するだけ。あとは連絡を待てばOK。

こちらからエントリーして不合格になるということもないので、傷つかなくて良いということでしょうか?

可能性を拡げる意味では登録するのもアリだと思いますが、人生の大事である就職を受け身の待ち受けで決めてしまうのは、いかがなものかと私としては言いたくなります。

SNSらしいところを活用すると、ただ待ち受けるのではなく、こちらから気になった会社や人に会いに行くという機能もあったりしますから、せっかくSNSを活用するなら能動的に使いたいですね。

もちろん、このようなサービスも企業側は有料で利用しています。たまたまそこに載っているわけではないのです。新しいサービスで、提供している業者も「玉石混交」であり、利用している企業もいろいろですから、利用する時には気をつけてください。

「売り手市場」の今、学生さんはおいしそうな子羊ちゃんであり、「人手不足」で困っている企業の中には、子羊ちゃんを狙う狼もいるかもしれません。

ネットの情報をどう扱うか？

情報を集める、諜報活動を行うという点で、今や無視できないのがインターネットです。SNSももちろんそうですし、就職情報サイトもネットなくしては成立しなくなっています。そこには、これまでに紹介したような有料のサービスだけではなく、それこその「玉石混交」の情報が飛び交う掲示板なども多いです。

有料サービスには、まさに費用がかかるという一定のハードルがあり、ルールがあります。しかし、ネットユーザーが勝手に書き込みをするサイトには、貴重な生情報もあるでしょうが、悪意のある情報や誤解・誤認に基づく情報なども多いです。

たとえば、ある会社について退職者が書き込みを行ったりすることが多いですが、その人は辞めているくらいですから、その会社の悪い点、マイナス面に注目しがちになります。仕事が楽しく充実しているという人はなかなか辞めないわけですから、書き込まれたマイナス情報を鵜呑みにするのはどうでしょうか？　間諜としては、あまりあてにできない情報です。

そのような中で会社に対してプラスの書き込みがあったら、それは信用できるのではないかと思っても、誰がそれを書き込んだかは分かりませんから、それも安易に信用はできません。

私がそのようなサイトを見て気になるのは、マイナスにせよプラスにせよ、古い情報が多いということです。3年前、5年前、へたしたら10年前の情報じゃないか？　というものも。今とは違うという会社も少なくないはずです。

たとえば、よく書き込まれているブラック企業ネタも、状況がだいぶ変わってきています。ブラック企業バッシングもあり、「働き方改革」といった政府が主導する動きもありますから、長時間労働やパワハラ・セクハラのようなことは、多くの企業で一時期よりもかなり改善されています。

ネットに、「毎日終電で、土日もなかった」などと書かれていても、それは以前の話で、今は20時には消灯して誰もいなくなり、「ノー残業デー」もあるといった変化が起こっています。**ネットの情報は鮮度が高いようでもありますが、古い情報がそのまま残っていたりもしますから要注意です。**

あくまでも諜報活動の1つの手段として、冷静に情報を取捨選択し、自分の目や耳でも確かめて判断しましょう。

必ず人間（間諜＝スパイ）が動いて
情報を集めよう。
「間諜」には5種類ある！

第7章

『兵《へい》とは詭《き》道《どう》なり』

就活とは騙し合い。
その駆け引きに負けない
戦略を練ろう！

兵とは詭道なり

『孫子』は、戦争のための兵法でありながら、なるべく戦いを避け、戦わずして勝つことを目指しました。どうしても戦う場合にも、全軍が激突するような戦いではなく、駆け引きによって自軍だけでなく敵の被害も最小にすることを狙っていたのです。

そこで、

『兵《へい》とは詭道《きどう》なり』

です。

戦争では敵を欺《あざむ》き裏をかくことが重要だ

と説いたのです。国の存亡をかけ、人の命をかけて戦うわけですから、「正々堂々と」などとスポーツのようなことは言っていられません。正々堂々と潔く死んでしまっては元も子もないのです。

「孫子の兵法」はそのような命がけの本音の教えですから、「孫子流」仕事えらびも本音で行きましょう。この本は学校の教科書ではなく「孫子の兵法」ですからね。

学生側の就職と企業側の採用、売り手と買い手、求職と求人、立場も真反対であり、学生側にも企業側にもそれぞれライバルもいますから、そこには駆け引きもあれば、表も裏もあります。

この章では、『兵とは詭道なり』という『孫子』の教えに基づいて、就活とは騙し合いなのかを考えてみたいと思います。

そもそも、人には偏見があります。人の好き嫌いなんて当たり前にあります。学校にもありますね。意地悪な人もいれば、人を妬んでばかりの人もいます。就職活動も多くのライバルがいる厳しい戦いである以上、その事実を踏まえて動きましょう。

人が人を選ぶという採用という行為も、明確な基準もなく、適性検査以外には目に見えるバロメーターや数値もない状態で、合否を決めるものですから、個人の性格や相性や気分が影響したりもするでしょう。そのようなものです。それが現実です。

それを「人は公平に選ぶべきだ」「好き嫌いで決めるなんて卑怯だ」「学歴や容姿で選ぶなんておかしい」などと教科書に書いてあるようなことを言って企業を責めても、「もちろんです。その通りです。当社は公平かつ公正な採用を行っております」とニコッと笑顔で言われておしまいです。

でも、それは企業が特別に悪どいからでも、就職とはそういう酷い扱いを受けるものだということでもなく、皆さんの友人同士でも学校の先生と生徒との間でもあったことでしょう。気にいった生徒には甘く、気にいらない生徒には厳しい先生なんていくらでもいたのではないですか？

調子の良い話には裏がある！

「勉強しなくても好きな大学に入れて、おまけに授業料も半額でいいですよ」なんて、調子の良い話がないように、仕事えらび、就職活動においても調子の良い話には裏があると考えてみましょう。

休みが多くて、給料も高く、新入社員でもすぐにバリバリ活躍できて、上司は優しく、先輩や同僚は素敵な人ばかり……。本当でしょうか。そのような会社があるでしょうか？

ありません。

正確に言えば、あなたが、新人にもかかわらず、短時間で人並み以上の仕事をこなす能力を持ち、明るく素直で前向きで思いやりがあり、辛抱強く、どのような人からも好かれる素敵な人でなければ、あっても入れないということです。ちなみにそのような人は滅多にいないので、そのようなことが実現できている会社は滅多にありません。

だいたい、**新入社員がいきなり活躍できるなんて、やっている仕事のレベルがよっぽど低いのではないかと疑わないといけません。**

世の中に調子の良い、都合の良い、おいしい話はありませんし、そういう話には裏があると考えて慎重に見極めましょう。

「学歴フィルター」はあるが、それがどうした？

「学歴フィルター」、あります。 高卒では入れない会社もあれば、大学院卒でなければ採用しない会社もあります。大卒ならすべて同じではなく入試の難易度や大学の評価によってランク分けされ、大学によってはエントリーもできないようになっていたりします。裏でね……。

人気企業には何万人も応募があるのです。それを短期間に全部チェックして合否判定などしていられません。そこで分かりやすいのが、大学のランキングです。上位校は

ＯＫ、下位校はＮＧとフィルターをかければ一気に処理が進みます。

皆さんは、東大卒の人をどのように思いますか？　少なくとも「頭がいい」「きちんと勉強した人」といったイメージを持つのでは？　そうではない人もいるかもしれませんが、少なくともその確率が高いので、新卒採用のような何の実績もない学生さんを採用するような場合には、将来への期待に投資するようなものですから、「頭の良さそう」な「きちんと勉強してくれそう」な人を選びたいのです。それを非難できますか？

皆さんも、中学時代、高校時代に、「あの学校の生徒は賢そうだな」と考えたことがあるでしょう。

学歴や偏差値で人を判断するのはおかしい、どうしても気に入らないという人は、「学歴フィルター」などない、学業成績も不問の会社に入りましょう。**学生さんに人気のない知名度の低い会社かもしれませんが、良い会社もあるはずです。**ちなみに、私の会社には「学歴フィルター」はありませんので、是非ご応募を（笑）。学歴では落としませんが、知能テストの出来でバチっと線引きします。面接まで進んだら、大学名も当然見ます。最近はＡＯ入試や推薦も多くて学歴が上げ底されている場合も少なくないので、高校の偏差値なども見ます。だって、企業側も少しでも優秀な人を採用したいですから。それを短期間に選ばないといけないので、手掛かりになるものはチェックします。真剣勝負です。「学歴フィルター」があるなら、それに対応してやろうと決意した高校生諸君。少しでも評価の高い、難易度の高い大学に挑戦しましょう。今気付けて良かった。

もう大学に入ってしまったという大学生諸君。生まれてから18年か19年の過ごし方、勉強の仕方によってついてしまった差は、自らの責任として受け入れ、その上でどうするかを考えましょう。大学院に進んで、「学歴ロンダリング」するという手もあります。採用する側は気付きますけどね。しかし、それで「学歴フィルター」をすり抜けることができれば、実力をアピールするチャンスはありますから、どうしても「学歴フィルター」のある会社に入りたければ検討してみましょう。

学歴や偏差値で評価されてしまうのは仕方ありません。それがあなたのこれまでの人生の結果であり、あなたを理解する大きな手掛かりですから。**そのような現実があることを知った上でどのように戦うかを考えましょう。**

私は「経営コンサルタント」が本業なので、一般の仕事に比べて、学歴を人に伝える機会が多いのです。それを高校生の時に分かっていれば、浪人してでももっと評価の高い大学に行っておけば良かったと思います。しかし、高校生の時には、大学は入れたら良い、授業料の安い国公立なら良い、程度のことしか考えていなかったし、「経営コンサルタント」になるなんて思ってもいませんでしたから、仕方ないですね。それが当時の自分であり、本書のように「学歴フィルター」を教えてくれる本にも出会っていませんでしたから、今となっては卒業した大学に誇りを持って、その大学の評価が少しでも上がるよう自分が頑張るしかありません。

入社の時の選考だけでなく、その後も仕事上で学歴、出身校をオープンにする機会の多い仕事もありますから、それは事前に知っておきましょう。

インターンをどう考えるか？

インターンシップとは、そもそも学生が在学中に仕事の実態を理解するために行う就業体験のことであり、採用の選考とは関係のないはずのものです。ところが、就職活動に経団連の「採用選考に関する指針」という自主ルールが経団連加盟企業以外にも適用されるようになっていて、広報活動が、卒業・修了年度に入る直前の3月1日以降、選考活動が、卒業・修了年度の6月1日以降、内定日は、卒業・修了年度の10月1日以降というルールによって制約された現状の「抜け穴」のようになっています。

経団連は、たしかに日本を代表する大手企業が名を連ねている日本の経済界を代表する団体なのですが、その加盟企業は１３００社ほどでしかありません。上場企業数だけでも４０００社ほどありますから、上場企業でも経団連に加盟していない企業が大半ということになります。

そのために、元々インターンシップを行っていた外資系企業はもちろん、経団連の非加盟企業は、そのようなルールはお構いなしにインターンシップを行い、その中で優秀な人材を青田買いしているという実態があります。

まさに騙し合い、『兵とは詭道なり』です。

これが、大学3年時の夏から始まります。経団連は、従来インターンシップが採用選考の隠れ蓑にならないように、５日間以上のものにすべきであるとしていましたが、何とこれが1日インターンもＯＫとなり、ますます採用選考が前倒しされ、学生さんの側から言えば、就職活動が事実上長期化することになりかねません。

さて、このインターンをどうするか。そもそもインターンを行うのが前提であった外資系企業の中には、インターンに参加していないと門戸が開かれないところもあり、インターンすら選考があって参加できないということがあります。これはインターンに参加しないわけにはいきませんね。

では、日本企業はどうかということですが、どうしてもこの会社に入りたいという本命企業があって、そこがインターンを実施しているなら、チャレンジしておくべきです。そこで実質的に選抜もされていると思って受けましょう。単なるお勉強会ではありません。

そうではなくて、まだ志望も固まらないし、どんな仕事があるのかを幅広く知りたいという本来のインターン目的の場合、焦ってインターンをする必要はなく、興味と都合が合えば、参加してみましょう。夏季休暇に集中して行うピークが過ぎれば、冬季休暇に合わせてまたピークがやってきます。

人の目を忍ぶ裏道を行く感じがしますか？　それともじっくり企業研究や仕事えらびができてラッキーと思えますか？　賛否両論あるでしょうし、本来の趣旨からは外れたものになりつつあることは間違いないでしょうが、**現実にそこにインターンがある以上、うまく適応するのが孫子流です。**

大学にもオープンキャンパスというイベントがありますね。高校生が受験前に大学のキャンパスを見学したり学長などの話を聞いたりするものです。参加したことのある人もいるでしょう。なぜ大学がオープンキャンパスに高校生を参加させたいのか？　入学希望者を増やしたいからですね。

はい、では企業がインターンで、就活前に学生さんに就業体験をしてもらいたいと考えるのはなぜでしょう？　答えるまでもないですね。そういうことです。

企業だけがそのようなことをするのではなく、大学だってやっていて、私学なら小中高どこでもやっています。近所のお店でも、無料体験、無料クーポン、初回半額などお客さんを集めるために工夫しています。**そこで良い出会い、良い発見があれば、お互いに良し。**

気に入らなければ行かなければ良いだけです。インターンも、初回無料クーポンを使うくらいの気持ちで考えておきましょう。

エントリーシートと志望動機

エントリーシートや履歴書には、ほとんどの場合、志望動機を書く欄があります。面接でも必ずと言っていいほど志望動機を聞かれます。

人材を採用しようとする企業側は、当然自社で頑張ってくれる人を採用したいわけで、ただ優秀ならいい、賢ければいいというわけではありませんから、なぜ自社に入りたいと思うのか、自社の仕事にどういう興味があるのかを確認したくなります。

ところが、学生の側に立てば、まだ仕事えらび中であり、どんな会社があるのか、どのような仕事があるのかを研究している最中なのだから、志望も何も「とりあえず受けてみただけ」「ちょっと面白そうかなと思っただけ」というのが本音だったりするわけです。もっと言えば「この会社には絶対に入る気はないけど、練習で受けてみただけ」なんて学生さんもいたりするでしょう。

だから、企業側は、そのような入社する気もないのにお試しでやってくる学生さんに無駄な時間をかけたくないから、まず志望動機を聞くし、事前に書かせて提出させることになります。いたちごっこというか、悪循環というか、**やはり騙し騙されの『詭道』ですね。**

まったく志望もしてないのに、練習で受けてみただけと割り切って考えられる人は良いですが、志望するかどうかも分からないのに志望動機とか聞かれても書けないと感じる正直な人。困りますね。悩みますね。しかし正直に「志望はしていません」と書いては先に進めない可能性があります。

ここはマナーだと思って、「御社の○○には大変興味があり、是非○○のプロを目指してみたい」程度のことは書いておきましょう。詳細は就活マニュアルの文例を参考にしてください。

これは人と会う時のマナーです。たとえば普通に、初対面の人と会った時、別に会いたくもなかったとしても、「お会いしたかったです」と社交辞令を言うようなものです。この程度のことは、学生どうしでも必要でしょう。初めて会った人に、「君になんか会いたくなかった」なんていきなり言ってしまってはまずいですね。まだその人のことを良く分かっていなくても「会えて嬉しい」くらいのことは言った方が、その人との関係がスムーズにスタートするでしょう。それと同じことです。

もちろん、思ってもいないことをあれこれと盛り過ぎる必要もなし。就職情報サイトを見ただけでもたくさんの会社があるのに、その中で何らかの興味を持ってピックアップした会社でしょうから、その何かしら興味を持った部分を多少膨らませて書いておきましょう。

マニュアル本は、採用側も読んでいるぞ

就活マニュアル本は、読んでみたら良いと思いますし、文章の書き方とか電話のかけ方、面接での受け答えなど、普通に学生生活をしていただけでは分からない作法やテクニックが載っていますので、参考にすべきところは参考にしましょう。

ただし、**あまりにマニュアル通り、文例通り、トーク例通りにやってしまうことは避**

ますから。

けましょう。企業側、採用側の人事・採用担当者も主要なノウハウ本には目を通してい

「あぁ、またこのトークが出たな」「この志望動機は、あの本のパクリだな」なんて簡単にバレてしまうこともあります。

さすがにマニュアル本には、うまい文章が書いてありますから、自己PRが少しばかりうま過ぎたりしてしまうかもしれません。それを参考にして書いていくと、盛り過ぎてしまったりして。

学生時代に力を入れたことについても、多くの学生さんが似たような内容で、似たようなパターンだったりします。部活動やサークルネタ、アルバイトネタ、留学ネタが多いです。学生として経験できることは、だいたいその程度のものだろうということかもしれませんが、何十、何百とエントリーシートや履歴書を読む側は、もう読むのが嫌になって、余程特別なことでも書いてないとインパクトはありません。

逆に、特別すごいこと、突飛なことが書いてあったら、「そのような人がなぜうちに入りたいの」と疑問に思ったり、内容によっては「ちょっとこの人は変わっているな」と感じたりします。

要するに、「無理する必要はない」ということです。採用する側も、それほどすごい人

がたくさんいるとは思っていません。全くの嘘ではないにしても、少し盛り過ぎて「これもやりました。あんなこともできます。こんなことも得意です」と書いて、面接で盛り上がり、内定も出たのに、**いざ入社してみて、「何もできないじゃないか」となったら、かえって残念なことになりかねません。**入社するだけで良いなら実体のない話でも良いのですが、問題は入社してからですからね。簡単にメッキが剝げてしまうようなことは書いても意味がないので、マニュアル本に書いてある素敵な文例に惑わされないようにしてください。

リクルーターに爪を見せ過ぎるな　能ある鷹は爪を隠す

大手企業を中心に、若手社員がリクルーターとして学生さんに接触して就職活動の相談に乗ったりしてくれます。このリクルーターを「反間」(第6章)として活用したいわけですが、特に自分の大学の先輩だとつい気が緩んで偉そうなことを言ってしまいがちですから、気をつけましょう。

『孫子』は、『兵とは詭道なり』に続いて、

『故《ゆえ》に、能《のう》なるも之《これ》に不能《ふのう》を示《しめ》し、用《もち》いて之《これ》に用《もち》いざるを示《しめ》す。近《ちか》くとも之《これ》に遠《とお》きを示《しめ》し、遠《とお》くとも之《これ》に近《ちか》きを示《しめ》す』

と教えてくれています。

戦争は詭道なので、戦闘能力があってもないように見せかけ、ある作戦を用いようとしている時には、その作戦を取らないように見せかけ、近くにいる時には、遠くにいるように見せかけ、遠くにいる時には近くにいるように見せかけるのだ

と言うのです。

元々、サークルの先輩で親しかったような先輩リクルーターでない限り、リクルーターは仕事の一環として学生さんに会い、優秀な人材を選別し、人事の採用ルートに乗せるという役割を持っている企業側の間諜です。

年齢も近いし、「仕事を離れて」「選考は関係なく」といったことを言いながら、先輩として就活の相談にも乗ってくれるので、つい気を許して本音をぶつけてしまったりすることもあるかもしれませんが、相手の人となりが分かるまでは慎重に接しましょう。

特に、**そのリクルーターの会社はもちろん、他社のことであっても悪口は厳禁です。**そのリクルーターが同調してくれたりしていても「あの会社はクソ」だの「人事がバカ」だの言わないように。『兵とは詭道なり』です。「そうなんだよ」と同調しているように見せて、内心では「学生のくせに生意気だな」とか「偉そうなヤツだな」と感じているかもしれません。

就職活動という状況の中で、どうしても自分を良く見せよう、自分を優秀だと評価してもらいたいという意識が高まっていますから、その分、他者を貶《おとし》めたり、周囲を低く見下すようなことを言ってしまいがちです。「能ある鷹は爪を隠す」という言葉もあるように、『能なるも之に不能を示し』ておくのが、まずは大切です。

リクルーターは、優秀な人材を発掘してくることを目指しているので、優秀な学生さんに出会えたら嬉しいはずですが、やはりそこは生身の人間です。自分より年下の後輩が偉そうな発言をするのを快く感じない人もいますし、本音ベースでは、自分より優秀な人に入って来てほしくないと感じることもあるでしょう。中途半端に偉そうだと「こんな生意気なヤツと仕事したくないな」と思われ、本当に優秀だと感じたら「こいつが入って来たら確実に抜かされてしまう」と思ってしまうのが生身の人間です。

『孫子』はこんなことも言っています。

『始《はじ》めは処《しょ》女《じょ》の如《ごと》くにして、敵《てき》人《じん》、戸《と》を開《ひら》くや、後《のち》は脱《だっ》兎《と》の如《ごと》くす』

と。

最初は乙女のようにしおらしく謙虚に振る舞っておいて、敵が油断して隙を見せたら、脱兎のように機敏に動け

と言うのです。

敵の間諜であるリクルーターをこちらの間諜として使うには、まず「こいつは可愛い後輩だな」「こんな謙虚で素直な後輩がいてくれたら仕事がしやすいな」と感じてもらうことが必要です。そう感じるから、あなたのことを合格させたいと思うし、「優秀な学生です」と人事に推薦し、あなたにも親身にアドバイスしてくれるのです。

俺のことを知って、いらないなら結構だと言ってみる

リクルーターとの接触やエントリーシート、選考試験や一次面接をクリアし、最終面接もしくはその手前くらいまで進んで、先方の経営幹部が出て来たら、猫をかぶるのを止めて本音や本性をぶつけてみるのもいいでしょう。

就職活動は数ヶ月のことですが、入社してからは何十年もありますから、爪を隠していても、バレてしまいます。**最終段階では素の自分、本音の自分をさらして、それでも受け入れてもらえるかどうかを試してみるのも、未来を考えれば大切なことです。**

「孫子の兵法」を著した孫武は、呉国の王に仕えた将軍であり兵法家ですが、呉王に対してこんなことを言ったとされています。

『将《も》し吾《わ》が計《けい》を聴《き》かば、之《これ》を用《もち》いて必《かなら》ず勝《か》たん。之《これ》に留《とど》まらん。将《も》し吾《わ》が計《けい》を聴《き》かずんば、之《これ》を用《もち》うるも必《かなら》ず敗《やぶ》れん。之《これ》を去《さ》らん』

もし（呉王が）、私の兵法を聞き入れていただけるのであれば、私が将軍として軍隊を率いて必ず勝利します。したがってこの地に留まりましょう。もし、私の兵法を理解納得し受け入れていただけないなら、私が将軍となっても必ず敗北してしまいます。そうであれば、この地を去るしかありません

と言うわけです。

「自分の考えを兵法書として伝え、この考えを受け入れてくれるなら頑張るけど、採用してくれても、自分の考えを実行できないなら意味ないですよ」と言っているのです。

就職活動でも、「自分の本当の姿、本当の自分を知ってもらって、それでも良ければ採用してください」と言ってみるわけです。「もし、猫をかぶって、メッキで誤魔化している虚構の自分でなければ採用できないというのであれば、仮にここで内定をもらっても、実際に仕事をし始めたらうまく行かなくなりますから、今のうちに私はこの会社を去りますよ」と宣言するのです。

本音、本心、本当の自分を知ってもらって、それでも採用したい、内定を出すよと言ってくれる会社に入ることができたら良いですね。

ただし、この作戦は社長面接など最終段階でしか使ってはいけません。リクルーターには爪を隠すように言ったように、年齢が近いとどうしても競争心もありますし、あなたが優秀であればあるほど嫉妬心も増幅しますから、単なる生意気な言動と捉えられる懸念が大きいのです。人事部や課長、部長あたりの面接では、いくらその人がＯＫだと思っても、その人の部下になると決まったわけでもないし、異動もありますから、立場も変わります。

ところが、最終の人事権（あなたの採用の合否を決める決定権）を持つ人になると、世代的にも両親より上、祖父母に近くなり、多少生意気なことを言う孫のような若者を「見どころのあるヤツ」「頼もしい若者」と受け入れる度量というか器があるのです。そして、人事権もあるので、入社後の配属にも物申すことができますから、この鼻っ柱の強い若者をどう使えば良いかまで考えて受け入れることができます。逆に言えば、この人に対して、素の自分をぶつけてみて、受け入れてもらえないようなら、その組織に入ってもロクなことになりませんから、『孫子』の示した案のようにその場を辞す方が良い場合が多いのです。

まぁ、せっかく最終面接まで進んで、「内定」もほしいですから、なかなか言いにくいでしょうが、頑張ってみてください。**『兵とは詭道なり』と言う孫子が、敢えて自分を採**

用するかどうかという時には本音で迫ったように、最後は自分をぶつけてみるのも、「孫子流」仕事えらびなのだと理解してください。

ちなみに、少し古い話ですが、私の就活でも最終で本音をぶつけて「内定」をもらった経験があります。一社は、最終の役員面接で複数の役員がいたのですが、圧迫面接で意地悪なことをしつこく言うものだから、「こんな会社こっちが願い下げだ」と思って、本音で言い返してやったら、案外それが良かったのか「内定」が出ました。もう一社は、面接に時刻を指定されて行ったのに、大変待たされたものだから、最終面接の結構年輩の役員さんでしたが、「いくら学生相手でも、こんなに待たせるのはいかがなものか」と物申したら、「それは申し訳なかった」という話になって、そこも「内定」をもらいました。どちらも本音をぶつけたのが良かったのか、たまたまかは分かりませんが、こちらも本音を隠してまで働きたくないですから、黙っておとなしくしていて「内定」をもらっても嬉しくなかっただろうと思います。結果としてどちらの会社にも行きませんでしたが……。圧迫面接の会社には頭に来たので行く気もありませんでしたが、もう一社はなかなか物分かりのいい会社だなと思って好感を持ちました。

自分の良さを伝えよ　伝えなければ分からない

「能ある鷹は爪を隠す」からと言って、**隠してばかりでは評価されないのも事実です。**グループディスカッションや面接に進んだら、自分の良さは恥ずかしがらずに伝えましょう。

企業側も短期間で採用選考を進めなければなりませんし、面接なども時間は限られていますから、親や先生のように長い時間かけてあなたの良いところを見つけ出してくれるようなことはありません。伝えなければ伝わらないのです。

これも、古い例で恐縮ですが、就活中、私はグループディスカッションが苦手でした……。いきなり知らない人と自分が興味もないテーマで議論するというのが、どうにも納得できず、苦戦しました。

最初は、ある会社にいる先輩から声がかかって、アルバイトがあるからやってみないかと集められたのですが、これが今で言うリクルーターであり、ワンデーインターンみたいなものですね。アルバイトと思って行ったら大した仕事もなく、初対面の学生たちがグループに分けられて、ディスカッションするように言われました。今考えれば、そこで自分の意見をビシッと言うなり、そのグループをまとめて議論を進めたりすれば良かったのでしょうが、当時は、聞かれもしないのにしゃしゃり出て意見を言うのも気が退けたので、じっと黙って、聞かれたら答えるみたいにしていたら、二度とその会社からはお声がかかりませんでした。「こいつダメだな」と思われたのでしょうね。こういうこともあって、インターンってどうにも気に入りません。

その後も、選考の過程で何度かグループディスカッションに参加する機会がありましたが、やはり人見知りというか、知らない人を仕切ったりするのに抵抗があって、おとなしくしていることが多かったです。私は謙虚なんです（笑）。もちろん、どうしても必要な時には言いますよ。圧迫面接にも抵抗するくらいです。だけど、そのような場では、圧迫されない限りじっと黙っているようではダメなのです。相手は黙っている学生を見て「この学生さんは、控えめで、謙虚な人でありながらイザという時にはきちんと物申せる人だな」などとは思ってくれないのです。「何だ、じっと黙っていて聞かれたら答える程度で、やる気のない後ろ向きな学生だな」と思われて、「主体性なし、リーダーシップなし、以上」とメモされて終わりです。

あまり自分から自分のことを語るのを良いこととは思わない、いぶし銀を目指す、謙虚で控えめな諸君。私もそうです。素敵なことです。決してダメなことはありません。が、就職活動では少し頑張って、自分の良い点は相手に伝える努力をしてみましょう。

面接で何をしゃべるかよりも、しゃべっているその人そのもの、全体の雰囲気、空気を読まれている　顔つき、姿勢、声の張りを意識せよ！

「外見や容姿が影響することもある」と聞いたりすると、単なる見た目、顔で言えば美女、美男かを言っているように思うかもしれません。しかし、採用面接では、全体的なその人の発する「雰囲気」というか「空気感」みたいなものを見られていると考えるべきだというのが、長年学生さんを面接している私の感覚です。

普通の企業は、芸能人のオーディションやミスコンの審査とは違いますから、見た目だけでは採用できません。見た目が影響することは間違いないですが、見た目だけで決めることもない。たとえば、**顔のつくりというよりも顔つきを見ます。**真剣さや必死さが伝わってくるかどうか。仕事でもスポーツでも芸能でも、真剣に取り組む人、必死に頑張っている人が、決して整っているわけではなくても、何とも言えない良い表情をすることがありますね。あれです。

容姿よりもその場での姿勢が大事です。同じ体型をした人でも、面接室の椅子に前のめりに座っているのとふんぞり返って座っているのでは、伝わってくる仕事への姿勢が違います。身体の姿勢ではなくて、その会社、その仕事への姿勢、これを面接官は読み取りたいと思っているのです。

だから、私は、ぶっちゃけ、面接の時の答えは適当に聞いています（笑）。大まかには聞いているけれども、詳細な答えはどうでもいいのです。面接でしゃべっている内容よりも、しゃべっている人そのものを聞くというか見ているのです。**同じことを言うのにも、その時の声の張りが気になります。**文字に書いても微妙なニュアンスが伝わりにくいかもしれませんが、ボソボソしゃべるのとハキハキしゃべるのでは同じことを言っていても全然印象が違うのです。

面接を受けに来た学生さんを見ていると、緊張していたりするのもあるでしょうが、何を言うかばかりを気にして、その時の姿勢や顔つきや声の張りに無頓着な感じがします。いくら言葉で良いことを言っていても、その時の姿勢や顔つきから本気度や熱を感じなければ、伝わって来ないのです。

このようなところで、口先だけの調子の良い嘘やオーバートークはバレてしまっているのではないでしょうか？　嘘だと断言はできないけれども真実味に欠けるという感じでしょうか？　面接官も大人なので、「それ嘘でしょ」なんていちいち言ってくれたりしませんので、そのように思われたら弁解のしようもないですね。気をつけたいところです。

「内々定」が出たらどうするか?

さて、ついに「内定」が出たらどうするかを考えてみましょう。

まずこの時点では、「内定」ではなく「内々定」と呼ばれます。経団連による、内定日は、卒業・修了年度の10月1日以降というルールがあるので、それ以前は「内定」ではなく、「内々定」です。

すでにこの言葉が『詭道』ですね。

そもそも「内定」であって、「決定」ではない。翌年の4月に入社することを内定したけどまだ決定じゃないという曖昧なものです。さらにそれが10月1日以前には内々に決めたけど、「まだ内定でもないからね」という状態。まず、「内定には法的な拘束力はない」とされています。「内定」に法的拘束力がないのだから、「内々定」には尚更拘束力はないわけで、「内々定」が出ても、学生さんは断ることができます。「内定辞退」というやつです。「内々定辞退」という言葉は聞かないので、「内々定の段階では辞退して当然だろう」と思っているかもしれません。

しかし、企業側には、「内定」であれ、「内々定」であれ、それを出した後で取り消したら、法的に罰せられはしませんが、大手だったらニュースになり、中小でもネットなどに書き込まれ、学校の就職支援センター（就職課・キャリアセンター）などでブラックリストに載せられ……と社会的に罰を与えられます。事実上、企業側にとっては「内定」を取り消すというのは、自社が倒産するなど余程のことがない限りできないことなのです。

それを学生さんは、平気な顔をして「内定辞退」してしまうので、企業側は困っています。困ってばかりではいけないので、企業側は、「内定辞退」があることを見越して多目に「内定」を出したりします。ここでどれくらい多目に出すかという判断をしないといけないのですが、またしても学生側と企業側で志望度合を巡る駆け引きが勃発です。

採用する側としては、「内定」しても逃げられては意味がありませんから、志望度を聞くわけです。そうすると学生側は、第一志望じゃなくても「内定」をもらいたいので「第一志望です」と答えたりするものですから、話がややこしくなります。

いくつかのケースに分けて考えてみましょう。

まず、本当に第一志望の企業で「内々定」が出た、もしくは出そうだという場合。これはお互いハッピーですね。「第一志望ですか？」「はい第一志望です」。はい、決まり。次に、志望度が低くて入社する気はない企業から「内々定」が出た場合。小手調べで受けたのか、途中で断りにくかったのか分かりませんが、「内々定」も出たので良かったですね。**入る気がないなら早目に断ってあげましょう。**あなたが断れば、その企業は他の応募者に当たれますから。

迷うのが、第一志望ではないけれども、第二志望、第三志望くらいで、第一志望がダメなら入りたいという企業から「内々定」が出た、もしくは出そうだという場合。「内々定」が出てしまえば、もらっておけば良いですが、「第一志望ですか？」と念を押され「内定を出したらうちに来ますか？」と確認された場合にどうしましょうか？「もちろんです。第一志望ですから」と嘘をつけば、「内々定」ゲットです。しかしその場合、嘘をつくことになり、第一志望で「内々定」が出れば、「内定辞退」をしないといけなくなります。

その企業にもよるので一概には言いにくいですが、就職活動のまだ初期段階であれば、「まだ他の会社をあまり見ていないのでもう少し活動してから決めたい」と正直に言えば良いと思います。初期段階で、無理やり囲い込もうとする企業もあるのですが、そのような採用はどうでしょうか？　そのような企業に無理して入る必要はないのではないでしょうか？

就職活動終盤だとどうか？　終盤と言っても選考開始の6月1日以前です。5月の連休明けとかですね。経団連加盟企業であれば、表立って「内々定」とは言いにくいので、「6月1日に選考があるので来てくれ」と言われます。一応、「分かりました」と言っておきましょう。

5月くらいに「内々定」と言われた場合、第一志望群なら、正直に「もう一社選考が進んでいるところがあるので、5月中は待ってくれ」と言ってみると良いでしょう。「もう待てないから決めてくれ」と言われることもあるでしょうし、それまで待ってくれる企業もあるでしょう。

「オワハラ」への対処法

そこで、出てくるのが、「オワハラ」です。「就活終われハラスメント」と言われるものです。「内定出すから就活を終わって、他の会社はすべて断ってくれ」と迫られることです。

採用側からすると、「内々定」を出して、採用数を見込んでいたのに、後で辞退されるとその穴埋めにとても苦労するのです。ですから、「オワハラ」したくなる企業側の事情も理解してあげてください。

事情を理解した上で、あなたにはあなたの人生があり、仕事えらびは人生の大事ですから、プレッシャーに負けて流されないように気をつけましょう。**他社を諦めたくなければ、「就活は続けたい」と言えば良いし、それがどうしても認められないと言うなら、そもそも選考を辞退するしかありません。**

今は、学生側の売り手市場ですから、ビビらずに判断しましょう。ただし、企業側にもいろいろな事情があることは忘れずに。

『孫子』は、

『善《よ》く戦《たたか》う者《もの》は、人《ひと》を致《いた》して人《ひと》に致《いた》されず』

と教えてくれています。

戦上手は、敵を思うがままに動かして、決して自分が敵の思うままに動かされるようなことはしないものだ

と言うのです。

相手を思うがままに動かすためには、相手の都合や考えを理解しておくことが必要です。**相手の抱えた事情や考えを踏まえた上で、こちらの思うような結論になるように導く。これが『人を致す』ということです。**

入社する気もないのに、「御社が第一志望です」と適当なことを言い、「内々定」をもらうだけもらっておいて、あとで「内定辞退」というのは、あまり誠実なやり方ではありませんし、採用をする企業側の立場から言わせてもらえば、「勘弁して」という感じです。

企業側にも迷惑をかけないように配慮しながら、学生側の思うように進めることもできるのです。それが「孫子流」仕事えらびです。無用な敵は作らないことです。

第8章

『勝《か》ち易《やす》きに勝《か》つ』

「入りやすい会社に入る」という選択も「孫子流」！

出番のある（勝ちやすい）会社の価値　出場機会を求めて移籍する選手のように

第一志望の企業は一次面接で敗退。第二志望の企業には二次面接で敗退。第三志望の企業には役員面接で落とされ……。6月1日の選考解禁日以降も「内々定」をもらうことができず、すでに手持ちのカードがないといった状況に陥ることもあるでしょう。

そうなったら、発想の転換をしてみること。

欧州のビッグクラブに移籍したものの、ベンチスタートばかりでアピールするチャンスもなかなかなく、徐々にベンチからも外されるようになった選手が、出場機会を求めて他のクラブに移籍したり、Jリーグに復帰したりすることがあるのと同じように、企業版のビッグクラブである有名大企業に入れたとしても、出場機会もなく活躍できないくらいなら、中堅・中小で規模は小さいながらも出場機会があり、場合によってはチームの中心選手として活躍できる方が良いという考え方もあります。

もちろん、理想を言えば、ビッグクラブの有名大企業に入って、そこで中心プレイヤーとして活躍するのが、報酬面を考えても良いでしょう。

しかし、いくらビッグクラブの有名大企業でも、出番もなく活躍もしないのであれば、報酬も増えず、いつ契約を切られるかと不安を抱えることになります。出場でもしていれば下位クラブからオファーも来やすいでしょうが、そもそも出場もしていないとアピールする機会もありません。今や、有名大企業でも経営に行き詰まることがあり、大手だからと言って終身雇用で安泰ということはありません。それなら、中堅クラブで活躍した方が報酬アップのチャンスもあったり、日本代表にも呼ばれやすいかもしれません。企業での仕事も同じことで、中堅・中小であっても出番があって責任のある仕事をこなしていくことで力もつき、部下を持てば人を動かす経験もできます。

『孫子』は、

『古《いにしえ》の所謂《いわゆる》善《よ》く戦《たたか》う者《もの》は、勝《か》ち易《やす》きに勝《か》つ者《もの》なり。故《ゆえ》に善《よ》く戦《たたか》う者《もの》の勝《か》つや、智名《ちめい》無《な》く、勇功《ゆうこう》無《な》し』

と説きました。

2500年前のそのまた昔から、優れた将軍というのは勝ち易い敵（すなわち弱い敵）に勝つものだ

と言うのです。

しかし弱い敵に勝つのは当たり前だから、その将軍が勝利しても、優秀だと褒められることもなく、勇敢だと称えられることもない。それこそが本物の将軍なのだ

と。

いくら力があって、いくら勇敢であっても、負けたらダメなのです。確実に勝てる戦しかしないという判断ができる将軍が人の命を守り、国を守るわけです。活躍できるかどうか怪しい有名大企業にギリギリで滑り込むよりも、確実に活躍できる企業に入って出番を増やした方が良いと判断できる人を孫子は優秀な人と考えるのです。しかしその時、世間の人は「良い会社に入ってすごいね」とか「あの会社に入るなんて優秀なんですね」などと褒めてはくれないでしょう。**「そのような周囲の評判を求めていては本物にはなれないよ」と孫子は言うわけです。**

とはいえ褒められたら嬉しいわけですが、ただ有名な会社に入ったという表面だけを見て褒められても、その会社で出番ももらえず、40歳くらいでリストラ候補になったりしていては、長い人生の戦い方としては良くないですね。

ここでは、出番のある会社の価値について考えてみましょう。

人の裏を行く人生もある

あえて初めから、他の学生があまり志望しない、ライバルが少ない企業を選択してみるというやり方も、「孫子流」仕事えらびです。

『孫子』は、

『千里《せんり》を行《ゆ》きて労《ろう》せざる者《もの》は、無人《むじん》の地《ち》を行《い》けばなり。攻《せ》めて必《かなら》ず取《と》る者《もの》は、其《そ》の守《まも》らざる所《ところ》を攻《せ》むればなり。守《まも》りて必《かなら》ず固《かた》き者《もの》は、其《そ》の攻《せ》めざる所《ところ》を守《まも》ればなり』

と言っています。

千里もの長距離を行軍してきたのに兵が疲れていないのは、敵がいないところを通ってきたからだ。攻撃したら必ず成功させる人は、敵が守っていないところを攻めるからだ。守れば必ず防御できるのは、敵が攻めてこないところを守っているからだ

と言うのです。

敵がいないから疲れない、守っていないところを攻めて成功する、攻めてこないところを守って守りが固いって「そんなの当たり前じゃないか」と突っ込みたくなりますね。しかし、そのような当たり前の結果を導き出すのが「孫子の兵法」なのです。**当たり前のように勝つ、勝てるようにしか戦わない。**

仕事えらびでも、学生に人気があるとか、会社に勢いがあるとか、儲かっている業界だとか、休みが多いとか、給料が高いとか、周囲の考えに流されず、自分らしく、自分なりの選定基準で、あまり有名ではないけれども自分がやりたいことができそうだという仕事や会社を見つけ出すことができると良いですね。

会社が地味で、知名度がないからといって、仕事がつまらないわけでも、条件が悪いわけでもありません。他の学生にあまり知られていない素敵な会社を見つけてみましょう。

無理な戦いに気合と根性で突っ込んで敗れてはならない

『彼を知り己を知り、地を知り天を知る』ことを忘れてしまって、気合と根性だけで人気企業、人気業種に突撃するのは、「孫子の兵法」からするととてもまずいことです。冷静に敵味方の兵力を分析しないといけません。

『孫子』は、

『小敵《しょうてき》の堅《けん》なるは大敵《たいてき》の擒《とりこ》なり』

と警告しています。

兵力に劣る側が、意地になって大兵力の敵に挑んで行くようなことをしたら簡単に敵の餌食になって終わりだ

と言うのです。「飛んで火に入る夏の虫」ですね。

自分の実力を過大評価し、敵の兵力を過小評価して、あとは気合と根性で何とかなるだろうと、無謀な戦いをしてしまうのは、命がけの戦争ではあり得ないのはもちろん、人生の大事である仕事えらびにおいてもよろしくありません。

もう一度、第４章、第５章あたりに戻って、再度、『彼を知り己を知り』ましょう。**気合や根性や努力や誠意は大切なことですが、それだけでは何ともならないことがあるのです。**

「バブル入社組」という言葉を知っていますか？　１９８０年代の終わりから90年代初頭にかけて、日本の景気が良かった時期を「バブル景気」と呼ぶのですが、その時期に企業が採用枠を増やしたものだから、普通なら入れないような人材も採用されたのです。その時期に入社した人たちが「バブル入社組」と呼ばれ、景気が悪くなり業績が悪化すると一番にリストラ候補にされました。分不相応な企業に運良く採用されても、それでうまく行くとは限らないわけです。

今は、その「バブル期」を超えるほどの求人倍率（求職者以上に求人があるということ）になっていますから、有名大企業から「内定」をもらったからと言っても「第２のバブル入社組」となりかねませんし、そのような会社から「内定」がもらえなかったとしても、羨ましく思う必要もないのです。自分の実力に見合った戦い方をしましょう。

どうしても強い敵と戦わないといけない時には?

『彼を知り己を知り、地を知り天を知』っても、やはりある特定の会社に入りたい。どんなにハードルが高くて、ライバルが多くても何としてもその会社の「内定」をゲットしたい。子供の頃からの夢だったので、『孫子』が何と言おうと、「飛んで火に入る夏の虫」になろうと、決して諦めることはできない! というほどの覚悟がある人もいるでしょう。

『孫子』は負け戦はするなという兵法です。勝てる相手とだけ戦えと言います。しかし、そんなことを言っていたら、良い仕事、良い会社にチャレンジできないではないかと反発する人もいるかもしれません。

そういう人のためにも、さすが『孫子』、ヒントをくれています。『孫子』の基本的な考えとは逸脱している部分なので、『孫子』では珍しい問答形式です。

『敢《あ》えて問《と》う、敵《てき》、衆《しゅう》にして整《ととの》えて将《まさ》に来《き》たらんとす。之《これ》を待《ま》つこと若何《いかん》。曰《いわ》く、先《ま》ず其《そ》の愛《あい》する所《ところ》を奪《うば》わば、則《すなわ》ち聴《き》かん。兵《へい》の情《じょう》は速《すみ》やかなるを主《しゅ》とす。人《ひと》の及《およ》ばざるに乗《じょう》じ、慮《はか》らざるの道《みち》に由《よ》り、其《そ》の戒《いまし》めざる所《ところ》を攻《せ》むるなり』

孫子が、負け戦はするな、勝てる戦争しかしてはいけないとしつこく言うものだから、国王が反論したのでしょうね。そこで「敢えて問う」です。「言いたいことは分かったけれども、敢えて言わせてもらうぞ」と言うのでしょう。

強い敵とは戦うなと言うけど、こちらが仕掛けなくても、敵が大軍で隊列を整えて攻めて来たら、どうすればいいのか、ただ待っているわけにはいかないだろう

と孫子に抵抗したのです。すると孫子は、

そのような時は、まず敵が重要視しているものを奪えば、こちらの

思うように動かすことができる。戦う時には、迅速に動くこと。そして、敵の不備を衝き、予測していない方法を取り、警戒していない地点を攻めるようにせよ

と答えたのです。

普段はこのようなことはしないけれども、どうしようもない時には、このように戦えば良いと教えてくれたのです。これを就職活動に活用しましょう。

どうしても入りたい、有名大企業があったとしましょう。子供の頃からのあこがれであり、何としても入りたいと思ったとします。**できるだけ早く準備を開始しましょう。**17歳からなら、その会社の採用実績校を調べて、その平均以上の大学を目指しましょう。大学生なら、1年生から調査開始。その会社が重視している事業は何か、そのために必要としている人材はどのような人材か調べましょう。有名な大企業なら上場しているケースが多いでしょうから、有価証券報告書などが開示されていて、ホームページを探せば見ることができます。

まず敵が大事にしているところを奪うのです。敵が語学を重視していれば英語くらいはペラペラになっておくとか、必要な資格などがあれば、学生のうちから勉強してできれば合格しておくといいですね。

そして、素早く行動開始。インターンは必須です。できればアルバイトでも何でも、その会社に関係のある仕事をしてみましょう。もしかしたらその会社の社員と知り合いになれるかもしれませんね。**敵が予想していないところから攻めてみましょう。**商品を買ってみたり、サービスを受けてみたりすることもあるでしょう。コネはないですか？　ないよりはあった方がいいでしょうし、少なくとも採用の方針や会社の状況などを聞かせてもらえるかもしれません。あらゆる手立てを考え、アタックしてみるしかないですね。

「学歴フィルター」なんてかいくぐって、筆記試験もダントツの成績を取ってみましょう。どうですか？『小敵の堅なるは大敵の擒なり』とはだいぶ違いますね。**あえて難敵に立ち向かうなら、止めはしません。**しかし、思い付きで飛び込んで行くのは止めておきましょう。

「内定」は1つあれば良い　たくさんあっても「費留《ひりゅう》」　入る会社は一社だけ

ゼミの友人が「内々定」をもらった。サークルの同期が「内々定」を5つももらったらしい……。新聞を読んでいたら「すでに内定を持っている学生が過半数を超えた」という記事があった。このようなことになってきて、「内々定」が1つもない状態だとどうしても焦りが出て来ます。実際、「内定」をたくさんもらう学生は、5つも6つも「内定」をゲットしていたりします。そのような話を聞くと、焦らないまでもうらやましく思うかもしれませんが、「内定」は1つあれば良いのです。どうせ入社する会社は一社だけなのだから。

自分が入りたい会社で、1つ「内定」が出れば良いのだから焦らないことです。

『孫子』は、

『戦《たたか》えば勝《か》ち攻《せ》むれば取《と》るも、其《そ》の功《こう》を修《おさ》めざる者《もの》は凶《きょう》なり。命《なづ》けて費《ひ》留《りゅう》という』

と言っています。

敵を攻め破ったり、狙った地域を占領したとしても、その戦果を戦争目的達成のために活かせないのは、不吉な兆候である。名付ければ、「骨折り損」「時間の無駄」と言えるだろう

という意味です。

「内定」をいくらゲットしても、仲間内で「内定」自慢ができるくらいで、入社できるのは一社だけであり、それ以外は「内定辞退」という面倒なこともしなければなりません。「内定」を断りに行ったら、人事の人から長々と説教されたなんてこともありますから気をつけましょう。

「内定」を出した企業側も計画を持って採用活動をしているわけですし、「内定」を出したら受け入れの準備もしています。安易に「内定辞退」されたら怒ってしまう人もいるでしょう。

行く気があるならまだしも、行く気もない企業の「内定」をたくさんもらっても、そのための手間はかかるし、交通費もいるし、まさに「骨折り損」であり時間の無駄です。たくさん「内定」をもらって自慢している友人がいたら、「それを名付けて費留と言うんだよ」と「孫子の兵法」を教えてあげましょう。

第9章

『未《いま》だ戦《たたか》わずして廟《びょう》算《さん》する』

「入社前の
事前シミュレーション」で、
差をつけ、人生に勝つ！

「内定」を獲得したら、入社前の準備に入る

ついに、「内々定」をゲットして、内定通知が届き、それに対して承諾書を返送したら、一安心。「内定」おめでとう！　よく頑張ったね。しかし、そこで気を抜かずに入社前の準備に入りましょう。

まだ早いと思うかもしれません。やっと就職活動が終わったばかりなのにと不満に思うかもしれませんが、そのようなことでは、あなたはまだ就活に振り回されているのです。世間の動き、周囲の動き、友人たちの動きに沿ってしまっているのです。

あなたは自分の人生を勝利に導く仕事に出会い、その仕事を極めて行く場として最適な会社を見つけたのです。のんびり翌年の4月まで待ってはいられないでしょう。

戦う前に勝てるかどうかを見極め、勝つための準備を怠らない。これが『孫子』の極意でした。実社会に出ても勝利できるよう準備を進めましょう。

『孫子』は、

『未《いま》だ戦《たたか》わずして廟《びょう》算《さん》するに、勝《か》つ者《もの》は算《さん》を得《え》ること多《おお》きな

リ』

と説きました。

まだ開戦していないうちに作戦を立て、廟堂《びょうどう》で策を練ってみた時点で、勝利を確信できるのは、机上の思索や勝算が相手よりも多いからだ

と言うのです。そして、

『算《さん》多《おお》きは勝《か》ち、算《さん》少《すく》なきは勝《か》たず』

だそうです。

実際に戦ってみたら、やっぱり勝算が相手よりも多かった方が勝ち、少なかった方が負けるものだ

と。

要するに、「戦う前から勝つか負けるかはほぼ分かっているのだ」と言うわけです。勝てると踏んだ上で、さらに勝つための準備ができているかどうか。「内定」をもらったくらいだから、勝てる見込みはあると判断されたのです。この人は勝てるだけの能力、素養を持っていると評価されたのです。**そこで、安心せずに、勝利を万全にすべく準備をしましょう。**

仕事えらび、就職活動をする中で、「もっと勉強しておけば良かった」「もっといい学校に入っておけば良かった」「もっとあんな経験をしておけば良かった」など、自分に足りない点、不充分な点、反省点があることに気付いたのではありませんか？

「内定が出たのだから結果オーライ」で終わらせずに、これまでの人生で反省すべき点があったのであれば、それをこれから先繰り返さないよう、今のうちに弱点を埋めておきましょう。そして、勝算を高めてください。

時間のかかる勉強や資格取得は学生のうちに進めておく

中には、自分の学部、学科、専攻とは関係のない仕事に就く、会社に入ることになった人もいるでしょう。そのような人の方が多いかもしれませんね。

同期で入社する人の中には、その分野の勉強を何年も先行してやっていたりする人もいるでしょう。入社前に少しでも差を縮めておきたいですね。基礎的なことだけでも勉強しておけば、入社後に先輩や上司が言っている言葉の見当がつくようになります。言葉が聞き取れれば、細かいことはネット検索もできますから、最低限の基礎知識は習得しておきたいところです。

会社から入社前にこういう勉強はしておいてほしいと言われることもあるでしょう。言われたらやるしかないですね。言われなくても、今後、プロとして仕事をする以上、もっとレベルを上げておきたいということもあるはずです。

たとえば、海外とのビジネスがあることが分かっていれば、英語に磨きをかけておこうとか、英語だけでは足りないからフランス語も勉強しておくかといったこともあるでしょう。

資格取得を求められたり、推奨されたりすることもあるでしょう。たとえば、私の会社では、「中小企業診断士」という経営コンサルティングの国家資格を取得することを求めています。もちろん取得は入社後で良いのですが、特に経営学や経済学を学んでいない人だとテキストに出てくる言葉にも馴染みがなかったりしますので、学生のうちにある程度勉強しておくことを推奨しています。

やはり社会人になるとまとまった勉強時間が取りにくくなりますから、入社前にある程度勉強を進めておくと、その後が楽になります。一次試験と二次試験があるのですが、一次試験は科目合格もあるので、入社前に何科目かでも合格しておくと、翌年はその科目の勉強をしなくて良くなります。実際、学生のうちに何科目か合格してくる人もいます。

最近、求人の多い、ＩＴ系の企業に、プログラミングなどの経験はないけど入社が決まったという人も多いかもしれません。経験はなくても大丈夫だから「内定」をもらったわけですが、これも勉強しておきたいですね。「プログラミング言語」というくらいですから、語学を1つマスターする感じです。やはりまったく経験がないような場合には、入社前に基礎ぐらいは押さえておきたいところです。

勉強に限らず、学生時代だからこそできるいろいろな経験をしておくということもあるでしょう。私はしたいとは思いませんが、世界を放浪するとか? 日本を自転車で周ってみる? いろいろなアルバイトをしてみるのも学生ならではの経験ではないかと思います。「内定」した会社と同じ業界とか、近い仕事を経験してみるのも良いでしょうし、あえて全く関係のない仕事をやってみるのも長い人生面白いですね。私は、仕事が経営コンサルタントだったからというのもあるのですが、学生時代にいろいろなアルバイトをした経験が、コンサルティングで相手の仕事の現場を理解するのに役立ちました。それを意図してやっていたわけではないのですが……。

勝つための準備をしておきましょう。

「内定」はゴールではなく社会人のスタートに過ぎない

仕事えらび、就職活動の本なのに、なぜ「内定」をもらった後のことに触れているのか、と疑問に思った人もいるかもしれません。しかし、「内定」というのは、就職活動のゴールではあるけれども、その後の**社会人生活のスタートでもあるのです。**

その「内定」を良いスタートにするためには、「ゴールすればいい、内定すればいい」と考えるのではなく、「それがどう良いスタートにつながっていくか」を考えておくべきだと思うのです。

なぜなら、その「内定」した会社に入る、その仕事に就くことが正解だったかどうかは、誰にも分からないものだからです。

「孫子流」仕事えらびでは、「人生に勝つ」ことを目指しています。あなたの寿命が尽きる時、「自分の人生は満足できるものだったな。自分の人生は勝利で終わったな」と感じられるかどうかが重要だと、序章で触れました。死ぬ頃になってからでは遅いから、まずは40代でどう感じるか、とも書きました。

現時点で、皆さんが「内定」をもらった会社が超有名企業で、周囲の人から「すごいね」「良かったね」と褒められたとしても、20年後には、「失敗だった……」となるかもしれません。会社も国もあてにならない時代だから、将来どうなるかは分からないのです。

仮に、40代になった時に、「この仕事を選んで正解だったな」と思えたとしましょう。そのように思えるのは、仕事えらびに勝利したと言えるし、その会社に入って良かったと言って良いでしょう。しかし、他の会社に入っていたらもっと良い状態、良い人生になっていたかも分からない。そのようなことを考え始めたら、すべての会社に入ってみることはできませんから、どの会社が良かったか、どの仕事が一番だったかなんてことは分からないのです。

たとえば、皆さんが入社した会社で、「思っていたのと違う」「何かピンとこない」と違和感を持って、入社3年で転職したとしましょう。そして、その転職先でとても活躍して、仕事も楽しかったら、最初に入った会社が不正解だったのか、最初からその転職した会社に新卒で入っておけば良かったのかというと、これも分かりません。最初の会社で3年間違和感はあったけれども鍛えられ、力もついた後で転職したからうまく行ったのであって、最初からその会社に入っていたら、同じように違和感を覚えてあまり活躍していないかもしれない。これも誰にも分からないことです。もらった「内定」が正解かどうかは決められないのです。

だから、**えらんだ仕事、えらんだ会社を「正解」にしていく必要があります**。えらんだ仕事を探究し、極め、精進して行くことで、40代になった時、もっと言えば天国からお迎えが来た時に、「あぁ、あの時にこの仕事をえらんで良かった。あの会社でスタートを切れて良かった」と思えるようにしていかなければならないのです。

どんなに良さそうに見える「内定」も、まだ本当に良いかどうか分からないのです。だからこれをゴールだと思ってはいけません。「内定」を良いスタートにし、結果としてこの「内定」が正解だったなと思えるようにしていかなければならないのです。

新人なのに入社2年目とは?

特に、知名度がない、規模が小さい、業界での順位が低めの会社に「内定」した人は、自分が納得してその仕事、その会社をえらんでいたとしても、周囲からはなかなか正解だと言ってもらえないし、実際に仕事を始めて、壁にぶち当たった時に、「やっぱりもっと有名で大きな会社に入った方が良かった」などと思ってしまい、自分の入社した会社を不正解のように思ってしまいがちなので注意が必要です。

どのような仕事に就いても、どの会社に入っても、学生がいきなりプロの世界に飛び込むわけですから、必ず「こんなはずじゃなかった」「もっと活躍できると思っていた」と自信を失う壁にぶち当たります。

これは、有名大企業に入って、みんなから褒められた人でもぶち当たる壁です。有名大企業の方がライバルは多いしレベルは高いしで、余計に高くて厚い壁かもしれません。

ところが、そうではない会社でもプロの世界ですから、やはり壁にぶち当たります。その時に思うわけです、「やっぱり小さな会社はダメだな」「知名度がないと仕事もしにくいな」と。要するに**会社のせいにする言い訳がいくらでも見つかる**わけです。私もこれで苦労しました。

私は「反骨精神」と言うと格好いいですが、天邪鬼なので業界ナンバーワンとかツーではなく、5位6位くらいの下位企業に入って自分の力で順位を上げてやるとか威勢の良いことを考えて、小さめの会社、知名度のない会社を積極的に訪問していたのです。それが行き過ぎて行き着いたのが、誰も知らない小さな経営コンサルティング会社です。「いきなり経営の先生として活躍できて、営業もしなくて良い。だって先生だから」なんて話に乗せられて選択した会社です。第7章で皆さんに、「調子の良い話には裏がある」なんて偉そうなことを言いましたが、それは私の自戒を込めた言葉です。

仕事もしたことのない学生がいきなり経営の先生にはなれないし、入社して1ヶ月後には飛び込み訪問の営業をさせられました。「営業がない」って言うから入ったのに……。これが大苦戦で、大変でした。でも、言い訳も簡単にできました。会社の知名度もないし、教育体制もないわけですから。「会社のせい」と思えば楽になります。良く先輩と会社の不平不満を言い合い、愚痴っていたものです。

しかし、私の場合、この会社を選んだことを正解にしなければならない事情がありました。親から親戚、先輩、友人、先生、すべての反対を押し切ってこの会社に決めたから引っ込みがつかなかったのです。「ほらみろ、そんな会社止めとけって言っただろ」と言われるのが嫌だったのです。

そこで仕方なく、どこへ行っても見た目が若いから、「入社何年目か」と聞かれるのですが、「入ったばかりの新人です」と言っていてはコンサルティングの話など聞いてもらえませんから、「2年目です」と嘘をついて営業をしました。苦肉の策です。

今となっては、それが良かったのです。新人の時から「入ったばかりだから」という甘えを捨てることができました。会社に知名度もないから「中小企業診断士」という国家資格も取りました。会社の看板があてにならなかったからです。小さな会社に入って正解だったのです。知名度のない会社に入って正解だったのです。少なくとも今となってはそのように思っています。

この経験が自分の成長を加速する上で本当に良かったと思っているので、私の会社の新入社員にもクライアント企業に行ったら「2年目です」と言うように指導しています。しかし、それが私のように嘘をついたことになってはいけないので、「内々定」を出した時点から1年目のスタートとして、課題図書で勉強してもらったり、内定者研修を行ったり、自社で開催するセミナーを受けてもらったりして、じっくり1年目を過ごしてもらいます。

そして3月から出社。普通の人より1ヶ月フライングして、1年目の総仕上げを行って、4月からは晴れて「2年目」となります。世間と何でも横並びにしないという考えもあって、2年目の4月1日に入社式もしたりしません。

正式な入社は1年なのに、会社との付き合いは2年目なのです。だから「何年目なの？」と聞かれるのはいいのですが、「入社何年目？」と聞かれると困ります。しかし、私の会社に新卒で入ってきた社員は、この1年のフライングはして良かったと思ってくれていると思います。

『孫子』も、

『先《さき》に戦《せん》地《ち》に処《お》りて、敵《てき》を待《ま》つ者《もの》は佚《いっ》し、後《おく》れて戦《せん》地《ち》に処《お》りて戦《たたか》いに趨《おもむ》く者《もの》は労《ろう》す』

と言っています。

先に戦場に着いて敵軍の到着を待ち受ける軍隊は余裕を持って戦うことができるが、後から戦場に辿り着いて、休む間もなく戦闘に駆けつける軍隊は苦しい戦いを強いられると言うのです。

「内々定」時点から先に準備をして、後から遅れて4月1日にやってくる他社の新人たちを迎え撃つのです。余裕を持って戦えるようになります。

人生の本当の戦いは、「内定」争奪戦ではなく、実社会に出てから始まりますから。

実戦に出てやっぱり違うと思ったら「転職」もある

どんなに優秀な高校生でも大学生でも、卒業してプロの実戦に臨んだら、必ず何らかの壁にぶち当たるものです。だから、入社して早々に「辞めたい」「転職したい」と考えてしまう人も多いし、実際に、厚生労働省の「学歴別卒業後3年以内離職率」というデータによると、大卒で3割、高卒では4割程度の人が、入社して3年以内に転職をしています。今は、かつてのように新卒で入社した会社で終身雇用され、退職後も年金などで保護されるという時代ではありませんから、転職も珍しくなくなりました。しかし、『彼を知り己を知り』、「孫子流」仕事えらびでせっかく入った会社です。安易に退職、転職するのではなく、ここで良く考えてみましょう。

特に最初の3年程度は、まだ仕事の面白さややりがいを感じにくい時期なので、少し踏み止まってみてほしいと思います。趣味でもゲームでもスポーツでも、初心者でヘタなうちは、なかなか楽しめないものです。初歩的な練習ばかりだったり、うまく出来ないから自分でもスッキリしないし、褒められることもなかったりしますから。しかし、それでも続けていると、だんだんできることが増え、自分の思うように作ったり動いたりできるようになり、人から褒められることも増えてきたりして、楽しくなってきた……という経験を皆さんもしてきたのではないでしょうか?

勉強も同じようなものですし、仕事も同じなのです。社会人になっていきなり重要な仕事や難易度の高い仕事を任されたりすることはありません。単純な作業だったり、簡単な資料作成だったり、誰でもできるようなことをやらされたりします。「こんなはずじゃなかった」と思う瞬間です。ところが、そんな簡単なことでも初めてやることだし、簡単そうに見えたけど案外難しかったりすることもあって失敗したり、時間がかかったりします。すると、先輩や上司から「何やってるの?」「まだできないの?」と責められたりします。「自分はもっとバリバリ活躍するはずだったのに」と自信を打ち砕かれる瞬間です。こうなると、仕事が面白いなんてまったく感じないでしょう。

しかし、それをやっていく内に、時間がかかっていた作業も早くできるようになり、何のために作っているのか分からなかった資料の目的が分かってきて、創意工夫もできるようになったりして、仕事の意義や面白みを感じるチャンスが増えていくものなのです。

そこまで来たら、ぶち当たった壁をなんとかよじ登って、壁の上に立ち、壁の向こうが見えたのだと思ってください。**「こんなはずじゃなかった」という壁があるから、よじ登れるとも言えます。**壁の上までよじ登り、壁の向こうにその仕事の真の姿やその会社の実態が見えたところで、「やっぱり違う」と思ったら、転職を考えましょう。その壁をよじ登った経験は決して無駄にはならないはずです。

気をつけてほしいのが、壁をまだよじ登っている途中で、人間関係を理由に転職を考える人が多いことです。その会社は、あなたがえらんだ仕事を身に付け、磨きあげ、世に問うためのステージです。そこにちょっと嫌な人がいたとか、気にいらない上司がいるといったことで、自分のえらんだ仕事を諦めたり、せっかくえらんだステージを崩してしまわないようにしたいものです。嫌な人なんてどこにでもいますし、嫌な事もどこにでもあります。あなたが先輩より先んじて輝かしいステージに上がったら、それに嫉妬して意地悪をする先輩もいるでしょう。もしステージで踊ろうとするのを邪魔するパワハラ上司がいたら、第4章で書いたように退職覚悟で直訴しましょう。それでもし、会社として対応もしてくれず、納得のいく説明もないなら、ステージが腐っている可能性がありますね。

『孫子』は、

『所謂《いわゆる》、古《いにしえ》の善《よ》く兵《へい》を用《もち》うる者《もの》は、能《よ》く敵人《てきじん》をして前後《ぜんご》相及《あいおよ》ばず、衆寡《しゅうか》相恃《あいたの》まず、貴賤《きせん》相救《あいすく》わず、上下《じょうげ》相扶《あいたす》けざらしむ。卒《そつ》離《はな》れて集《あつ》まらず、兵合《へいがっ》して斉《ととの》わざらしむ。利《り》に合《あ》えば而《すなわ》ち動《うご》き、利《り》に合《あ》わざれば而《すなわ》ち止《や》む』

と敵を内部崩壊させる方法を説きました。

昔から戦上手は、敵の前衛と後衛の連携を断ち、大部隊と小部隊が協力し合わないようにし、身分の高い者と低い者が支援し合わないようにし、上官と部下が助け合わないように仕向けて、敵兵が分散していれば集結しないようにし、集合したとしても戦列が整わないように仕向け、戦闘が有利に進められるようにしたものだ。そのように

しておいて、自軍が有利になれば戦い、有利にならなければ戦闘に入らずまたの機会を待つものだ

と。

この内部崩壊状態が、自分の会社にもある、該当すると思ったら、ステージが腐っていると考えましょう。単なる人間関係で、自分の進むべき道を変更してしまうようなことは避けたいのですが、**ステージが腐っているなら、新たなステージを探すことも必要です。**

「ジブン株式会社のオーナー」として主体的に動こう！

この時、自分に**「ジブン株式会社のオーナー」としての自覚と主体性があるかどうか**を問い直してみましょう。第1章で触れたように、頭を使って仕事をする時代には、自分が自分を動かす「オーナー」なのです。**誰かが何かしてくれる、会社が何かしてくれると周囲に期待しないこと。**上司や先輩が何かしてくれるはず、してくれるべきと甘えてはいませんか？

転職先を探す時にも主体的に、自分がその企業にどういう価値を提供できるか、その企業と提携して動いたら自分の頭脳コンピューターがどれだけ相乗効果を生むかを訴求しましょう。決して、元いた会社への不平不満をぶちまけないように。いくらその会社のステージが腐っていたとしても、そこで自ら主体性を持ってどう行動したのかを問われますから。

『用兵の法は、その来たらざるを恃むこと無く吾が以て待つこと有るを恃むなり。其の攻めざるを恃むこと無く、吾が攻む可からざる所有るを恃むなり』（第5章）です。敵がこちらの都合に合わせてくれるのを期待するのではなく、自分自身に敵がどのように攻めてきても良いだけの備えがあることを頼みにせよという教えでしたね。

日本は人口減少が加速し、企業にとっては人手不足が続きますから、求人はあるでしょうし、転職のチャンスも多いでしょう。ネットを見れば転職紹介の広告がバンバン出て、一度見たりしたらずっと追いかけられ、「転職希望者」として登録したらスカウトメールが毎日のように届くでしょう。だからと言って、良い転職ができるとは限りません。「新卒の定期一括採用」という制度があることをお教えしましたが、新卒時点の就職というのは、多くの企業が門戸を開き、限られた期間とはいえ、多くの業種の、大手企業から中小企業まで見て回れる恵まれた機会なのです。中途採用の機会はもちろんたくさんありますが、中途採用にはその企業が採用しているかどうかのタイミングもあり、選考期間も新卒の就職活動に比べてもかなり短くなるのが普通です。第2新卒採用がある企業は、第1新卒では人員を充足できない企業であり、中途採用は即戦力を期待され、新卒時のような基礎教育もしてくれません。自ら主体的にその会社のために何ができるのか、ジブン株式会社がその会社でどのように協業し、どのように稼働するのかを考えるべきなのです。

そうしたことを踏まえ、「もう辞めたい」「転職してやる！」と思っても、再度冷静になって『孫子』の智恵を活用しましょう。

『孫子』は、

> 『昔《いにしえ》の善《よ》く守《まも》る者《もの》は、九地《きゅうち》の下《した》に蔵《かく》れ、九天《きゅうてん》の上《うえ》に動《うご》く。故《ゆえ》に能《よ》く自《みずか》ら保《たも》ちて勝《かち》を全《まっと》うするなり』

と説きました。

古来から、守備を優先して巧みに戦う者は、地底深くに潜むように

して守りを固め、好機と見れば一気に天高く飛び上がるかのように攻めに転じた。そうした戦い方だからこそ、自軍を保全しながらも確実に勝利を収めることができるのだ

と言ったのです。

「やっぱりこの仕事は自分に合っていない」「この上司の下ではやっていけない」「この会社は腐ってる!」と思っても、**衝動的に動いたりせず、じっと守りに入って『九地の下に蔵れ』てチャンスを待ちましょう。**「オーナー」としてジブン株式会社の性能や稼働状況もチェックしてください。次の会社で飛躍するだけの備えがあるでしょうか? そして、チャンスが来たら一気に『九天の上に』飛び上がり、新たなステージへと移りましょう。そのステージが以前のステージよりも、より高く、より広く、より綺麗で、あなたがそこで歌って踊るのにふさわしいものであるように。

「内定」をもらったからと言って
それで一安心ではない。
資格を取る等、人に先んじよう。

第10章

『戦《たたか》わずして人《ひと》の兵《へい》を屈《くっ》する』

視野を広げれば、

「無理に戦わず人生に勝つ」

という方法もある！

戦わずして勝つ！

「内定解禁日」の10月1日を過ぎても、「内定」がもらえないとなったら、「内定」争奪戦に苦戦しているいると認めないわけにはいきません。一人で抱え込まず、いろいろな人に相談してみることです。

「自分を必要としてくれる会社なんてないに違いない!!」なんて悲劇のヒーロー、ヒロインのような気分になってしまうかもしれませんが、そのようなことはありません。**会社は、日本国内だけで何百万社とあり、人材不足で困っている会社はいくらでもあります。**

あなたの志望と求人側がミスマッチしているだけであって、仕事も会社もたくさんあるし、あなたを必要としてくれる会社や仕事は必ずあります。

だからと言って、採用してくれるなら何でも良いなんて投げやりな考えもいけません。それでは孫子流ではなく破れかぶれであって、孫子から「飛んで火に入る夏の虫だな」と笑われることになります。

そうなったら、ここで無理して戦わず、長い人生において、最後に勝ったと言える道を模索しても良いでしょう。

『孫子』は、戦争のための兵法書でありながら、戦わないことを求めました。

『百《ひゃく》戦《せん》百《ひゃく》勝《しょう》は、善《ぜん》の善《ぜん》なる者《もの》に非《あらざ》るなり。戦《たたか》わずして人《ひと》の兵《へい》を屈《くっ》するは、善《ぜん》の善《ぜん》なる者《もの》なり』

と言うのです。

百回戦って百回勝つのは、負けるよりいいのは当然だが、一番望ましいことではない。それよりも戦わずに敵を降伏させるようなことができれば、それが善の中の善なのだ

と言うわけです。

戦えば敵にも損害が出るし、味方にも少なからず被害がある。勝ったからといってそれを百回もやっていては結局疲弊することになっ

てしまう。それよりも、戦争もせずに敵が降伏してくれたら、敵にも損害がなく、味方にも被害はないわけだから、兵力や国力が2倍になるようなものだ。それが最高じゃないか

と言うのです。

戦況が厳しく、勝てそうな自信もないのに、負け戦に突っ込んでいって、あなたが自分に負けてしまい、「もうダメだ」「人生終わった」などと自暴自棄になってしまう方がまずいのです。

本書では、仕事えらびとして、基本的に「企業に就職することを前提」に話を進めて来ましたが、仕事は企業にしかないわけではないし、無理にそこで「内定」争奪戦を戦うのではなく、別の道を探ってみて、そこで戦わずに人生に勝っても良いのです。発想を変えてみましょう。

就職情報サイトに載っている会社が世の中のすべてだと思ったりしていませんか？就職情報サイトなどに一切掲載されていない会社はたくさんあります。多少手間はかかるでしょうが、それを探してみるのも良し。日本各地に「新卒応援ハローワーク」という公共の支援サービスもあります。

就職情報サイトの縛りから離れてみたら、農業や漁業、林業など一次産業も視野に入ってくるでしょう。たとえば、農業などでは個々の農家が個人で作物を作る形態だけでなく、「農業法人」といって会社組織にして、農業をビジネスにしていくといった取り組みも盛んになっています。次世代の担い手不足が顕著な一次産業だからこその取り組みであり変化でしょうが、変化はチャンス、若者が活躍する出番が拡がるとも言えます。若い働き手を歓迎してくれるところも多いはずです。一次産業はまさに無から有を生み出す仕事ですから、大変でしょうが、やりがいもあるでしょう。それが自分にフィットすれば、ハッピーな人生でしょうし、まさに就職戦線を戦わずして勝ったと言えるでしょう。

大変な仕事と言えば、何らかの道の職人になるという手もあります。職人と言えばすぐに思いつく大工さんも、最近は大卒の人が結構いたりして昔とはイメージが違ってきました。私の会社にも新卒で入社して「経営コンサルタント」として仕事をしていたのに、「以前からやりたかったから」と茅葺《かやぶき》職人になった人がいました。経営が分かる茅葺職人というのもなかなか面白いですね。このように、道を究めてみるという生き方も、簡単ではないでしょうが、その道で認められ、一流と評価されるようになれば、やはり人生に勝ったと言って良いでしょう。

もちろん、大学院への進学もあるでしょう。興味がある分野の専門学校に行ってみるのもアリかもしれません。それとも休学して世界一周の旅にでも出ますか？

ここで、無理に焦って戦わなくても、戦わずして勝つ方法を探ってみましょう。

長期戦に持ち込んでも良い　人生は長い

短期決戦の就職活動で勝利が得られなかったとしても、それですべてが終わったわけではありません。**人生は長いのですから充分リベンジは可能です。**

現時点で、あなたが戦いに苦戦してしまったのは、これまでの約20年の人生に何らかの足りない点や改善すべき点があったのでしょう。生まれたばかりの赤ちゃんの能力にそんなに差がないとすると、今ついた差は20年ほどで生じた差です。

同じペースで挽回しても、20年後には逆転可能です。40歳前後で、「追いついたぜ」「追い越したぜ」と言えるように、長期戦に持ち込みましょう。

『孫子』は、

『戦《たたか》いの地《ち》を知《し》り、戦《たたか》いの日《ひ》を知《し》らば、千里《せんり》なるも戦《たたか》うべし』

と言ってくれています。

決戦の地も分かっており、戦闘開始の時期も分かっていれば、仮に千里も離れた遠方であっても主導権を持って戦うことができるぞ

という教えです。

あなたが仕事えらび、就職活動を行う中で、やりたい仕事、理想の会社、目指したい姿が見えて来たとすれば、それをたとえば、40歳の時に実現すると決めて、そこをターゲットにして準備開始すればいいのです。孫子も、**「戦う場所も決まり、戦う時期も決まっているなら長期戦になるけど戦っていいぞ」と言ってくれるでしょう。**

一気に理想の仕事に就くのではなく、直接入りたい会社に入るのではなく、20年後にそういう仕事ができるようになるために有効な仕事や会社を探してみるのです。今まで見えていなかった理想への到達ルートが見えてくるのではないでしょうか？

たとえば、本書は集英社の本です。あの『週刊少年ジャンプ』の会社です。就職希望者がたくさん受けに来るそうです。ちなみに、うちの息子は選考で落ちました（笑）。なかなかの難関です。「漫画の編集者になりたい」「それも『ジャンプ』が好きだから集英社に入りたい」と考える人が多いのでしょう。しかしダメだった……。

そうなったら20年後に向けてリベンジです。まず編集者になることを考えてみれば、大手出版社だけでなく、中堅・中小の出版社もたくさんあります。出版社が無理でも、編集プロダクションという出版社から編集業務を請け負って仕事をしている会社もあります。ここに入っても編集の仕事ができます。本気で編集者を目指すなら道は1つではないわけです。実際に編集プロダクションに入り、いろいろと仕事をしていくと、集英社よりもっと入りたい出版社が見つかるかもしれませんしね。もちろん、他社で実績を上げ、編集者として名を上げたら、集英社も採用してくれるかも。

「内定」がなかなかもらえないのは遠回りに見えて、実は近道かもしれない

そのように考えてみると、ここで「内定」をもらえず苦労したのは、今後の人生の厳しさを学生の内に知ることができて、いち早くそれに対応すべきであるという危機感を芽生えさせてくれたという点でプラスかもしれません。一見、遠回りに見えるけれども、

かえってそれが近道となる。『孫子』の『迂直《うちょく》の計』です。

『人《ひと》に後《おく》れて発《はっ》するも、人《ひと》に先《さき》んじて至《いた》る。此《こ》れ迂直《うちょく》の計《けい》を知《し》る者《もの》なり』

後から出発したのに、敵より先に戦場に到着できるようにする。これができる人間は、遠回りを近道に変える『迂直の計』を知っている者だ

と言うのです。

「内定」争奪戦では多少出遅れてしまい、遠回りしているようではあるけれども、それを却って近道にする。この駆け引きのことを『孫子』は『軍争《ぐんそう》』と呼び、それをうまくやるには、

『患《うれい》を以《もっ》て利《り》と為《な》す』

べきだと言っています。

マイナスをプラスに転じる

「内定」がもらえない、就職活動で苦戦している、という面だけを見れば、マイナスです。このマイナスをマイナスのままにしてしまってはいけません。この経験をどうプラスに転じ、活かしていくかを考えましょう。

たとえば、先ほどの編集者の例で言えば、当初目指していた出版社には入れなかったけれども、編集プロダクションに入って、いろいろな出版社とプロジェクトごとに仕事をすることで鍛えられて、編集者としての実力がより早く身についたとしたら、遠回りに見えたけど、実はこちらが近道だったということにできます。そのようにしなければならないのです。

思うように「内定」がもらえず、へこたれているかもしれません。自分の何がいけないのかと凹んでいるかもしれません。だからと言って、それで終わりではなく、**『迂直の計』を使うチャンスだ！**くらいに考えましょう。マイナスをプラスに転じるのです。

「臥薪嘗胆《がしんしょうたん》」
もう負けだと諦めなければまだ負けてはいない

「臥薪嘗胆」という言葉を知っていますか？ 敵に負けた屈辱を忘れないように、薪《まき》の上で寝てリベンジを誓ったのが「臥薪」。それで逆にやられてしまった側がそのままたリベンジをするために、苦い胆《きも》を嘗《な》めて悔しさを忘れないようにしたのが「嘗胆」です。「臥薪嘗胆」とは、一度は負けたように見えても、それで諦めてしまうのではなく、必ずいつかリベンジしてやるという気概を持って努力すれば逆転、逆襲もできるという故事成語です。

これが実は、「孫子の兵法」に出てくる「呉越同舟《ごえつどうしゅう》」の呉と越の話で、『孫子』の作者である孫武が呉の国を離れた後に起こったでき事からできた言葉だと考えられています。「呉越同舟」というのは、敵国としていがみ合っている呉の人と越の人が、普段は仲が悪いのに、同じ舟に乗って嵐に遭ったらまるで左右の手のように協力し合うものだと『孫子』が指摘したものです。

その孫子が仕えていた呉の国王、闔廬《こうりょ》が越に侵攻した際に受けた傷がもとになって死んでしまうのです。孫子がいなくなっていたから負けたのでしょうか……。

闔廬はその子、夫差《ふさ》に仇をとるように言い残します。子の夫差はその父親が負けた屈辱を忘れないように薪の上で寝て、ついに復讐に成功するのです。復讐された側の越の王である勾践《こうせん》は、命乞いをして生き延びるのですが、その屈辱を忘れないように苦い胆を嘗めて反撃の機をうかがい、ついに呉王夫差を滅ぼすのです。

何とも激しい復讐劇であり、「臥薪嘗胆」した夫差と勾践には感服しますが、大切なことは、「自分はもうダメだ」「俺は負けた」「私は負け組だ」と、**自ら自分に「負け」を宣告して諦めてしまわない限り、決して負けてはいない**ということです。「自分に負けない」ということです。

人生は戦いであり、勝負であり、競争です。勝つことを目指しているし、勝ち戦しかしないようにしていても、相手もあることだから思うように行かず、負けてしまうこともある。しかし、まだその時点では、また立ち上がり、逆襲し、リベンジできる可能性があって、決して人生が敗北で終わったわけではありません。まだ勝てるチャンスがあるのです。

「内定」がもらえない、思っていた会社に入れなかった、入った会社が思っていたような会社ではなかった……ということもあるかもしれませんが、それで人生が終わるわけではないのだから、「臥薪嘗胆」の精神でリベンジを目指すことです。

「内定」がもらえない、志望した会社に入れなかった、仕事が思っていたようにできなかったという悔しさを忘れないために、あなたなりの「臥薪嘗胆」を考えてみましょう。薪の上で寝たりしたら寝不足で大変そうだから、「臥薪嘗胆」と紙に書いて壁か天井の目につくところにでも貼っておきましょう。

少し思うように行かないことがあったからと言って、「自分はもうダメだ」なんて自己否定してしまわないこと。それを「自分に負けてしまう」と言うのです。自分が負けた気になっているだけで、他の人はそんなことを思っていないし、あなたを必要としてくれている人が必ずいることを忘れないようにしましょう。あなたを必要としてくれる仕事と場所が、もし「臥薪嘗胆」のような厳しくつらい環境であったら、「よし来た！ リアル『臥薪嘗胆』だぁ～！」と思えば良いのです。『患を以て利と為す』わけです。『智者の慮は、必ず利害を雑う』（第5章）です。マイナスの裏には必ずプラスがあるものなのです。そこでも「孫子の兵法」を使って乗り切ること。「孫子の兵法」を学んでいて良かったなと考えましょう。

失敗しても良いが、失敗は消せないことを知る

仕事えらび、就職活動に失敗はつきものです。何しろ初めてやるわけですし。短期間で一発勝負ですから、うまく行かないこともあります。

そして、仮にそこで失敗し、その時は負けたように見えても、また「臥薪嘗胆」でリベンジすれば良いのだから、多少の失敗など気にしなくても良いのですが、安易に失敗して良いわけではありません。負けて命を落としてしまっては「臥薪嘗胆」もできなくなるのです。人生に勝つためには命があってこそで、負けたら死ぬことを前提にした「孫子の兵法」が負けないことを重視したように、安易に失敗し、負けを喫することのないようにしないといけません。

たとえば、就職活動のスタートで出遅れたとか、面接がどうもうまく行かずに落ちまくったとか、そのような失敗を重ねてしまって、思うように「内定」がもらえないという状況になった時に、「内定なし」で学校を卒業してしまうことはできれば避けたいのです。なぜかと言うと、第3章で触れた新卒の定期一括採用があって、**皆さんには是非、企**

業による社会人の初期教育を受けてもらいたいからです。既卒者になってしまって、時期がずれてしまうと第2新卒枠で採用されたとしても初期教育の充実度が違うのです。

多少不本意であっても、志望度を下げ、改めて視野を広げて企業を探して、あなたを必要としてくれるところに入りましょう。リベンジはその後でいくらでもできるのだから。

それでも「内定」がもらえなかったら、お金が何とかなるなら、留年して卒業しないか、大学院に行って先送りしましょう。学費が払えなかったら休学という手もあります。そして再度、就職活動の戦いにチャレンジです。留年や休学はどうせバレますから、その戦いは初年度よりも厳しくなる可能性が高いですが、定期一括採用枠から外されることは避けられます。

もちろん、卒業してしまっても、中退してしまっても、アルバイトや派遣の仕事に就いてからでも、リベンジはできます。逆襲の可能性はあります。しかし、その時の「臥薪嘗胆」はより痛くて苦いものになることを覚悟しましょう。

なぜなら、過去の失敗は消せないからです。

人生は曲がりくねった長い道のり

良く、「人生は曲がりくねった長い道のりだ」と言ったりします。「細い道もあれば広い道もあり、上り坂もあれば下り坂もある。そしてそれは日本人だと概ね80年ほど続く長い道のりなのだ」と。

一般的には、この時、人は道の手前にいて、これから先歩んでいくべき人生の道が見えているように描かれます（図：1）。しかし、実際には逆であって、そこに描かれる道は、生まれてこのかた生きてきた過去であって、それらをすべて背負って今、現在の人がいて、この先に道がどれだけ続いているのかは見えません（図：2）。長いと思っているけれども短いかもしれない、あるだろうとは思うけれども見えてはいない、見えているのは過去に歩んできた道だけです。

この過去に歩んできた道を消すことができないのです。

今、現在、目の前にいる人がどのような人なのかを判断するためには、現在の外見や容姿、言動だけでなく、いつどこで生まれ、これまで何をしてきた人なのかを知る必要

図：1

人生は曲がりくねった長い道のり ①

80歳
一般には、
人生の長い道のりがあって
その手前に自分がいる。

図：2

人生は曲がりくねった長い道のり ②

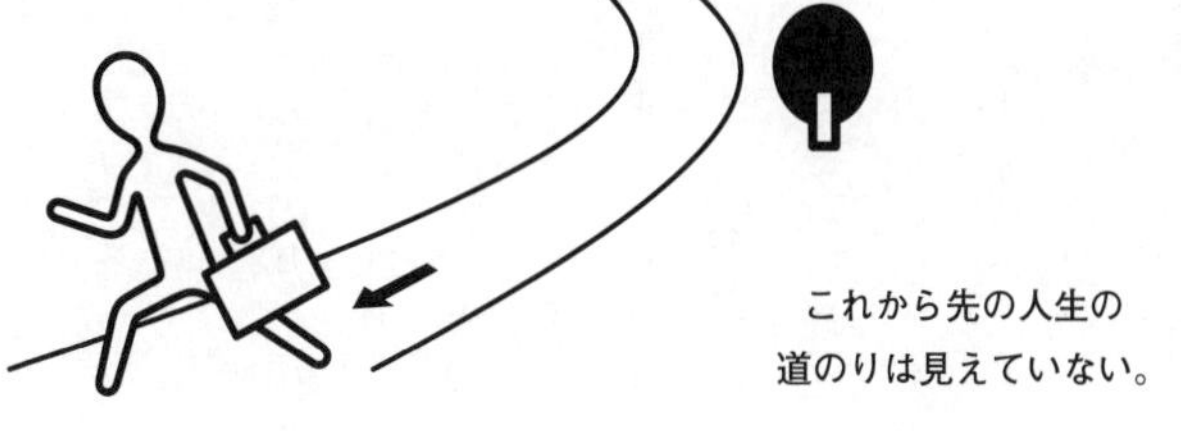
0歳
実際には、生まれてから
生きてきた道のりが
後ろに見えているだけで
これから先の人生の
道のりは見えていない。

があります。

だから、良いことをした人も悪いことをした人も、テレビや新聞、ネットなどで紹介する時には、必ず生い立ちや過去の経歴、経緯、実績などを紹介するでしょう。それがあってはじめて、「あぁ、こういう人なのだな」と理解できるからです。

皆さんのことを誰かが理解しようと思ったら、皆さんが歩んできた過去の道のりを知ろうとします。採用選考においては、差別などの問題で聞いてはいけないことがありますが、どこの学校に通い、学生時代は何をしていたのかといったことも知りたいと思います。だから「履歴書」という書類も求められます。

「履歴書」があると、浪人したとか留年したこともすぐにバレてしまいます。そして社会に出た後も、そこに職歴が加えられて行くのですが、どの会社でどのような仕事をし、どういう結果を残して来たのかが問われることになります。そこで嘘を書いたら「経歴詐称」ということになります。たくさん転職していたりすると1つくらい書かなくても詳しく調べないと分からなかったりはしますが、学校を卒業した年月と最初に就職した年月と就職先は書かないわけにはいきません。ここで、高校を卒業して大学入学までに年数の開きがあると浪人したことがすぐに分かってしまうように、とても分かりやすくあなたの過去が伝わってしまいます。

どのような事情があったのか、なぜ就職浪人するようなことになってしまったのかと質問されれば、言い訳のチャンスもありますが、聞かれることもなく「就活で内定がもらえなかったのだな」「正社員として採用されずに初期教育も受けていないのだな」と思われておしまいとなることも少なくありません。

「学歴フィルター」も同じようなもので、どの大学に入学したのかという過去の道のりを見て、今のその人物を判定してしまうことがあるのです。それが良いとか悪いとか言っても始まりません。それが社会の現実であり、実態なのです。

今、皆さんがどのような判断をし、どのように行動するかという現在が、そのまま過去になって人生の道を作っていくことになります。その道をどのような道にするかは、今現在のあなたの行動にかかっています。どのように行動するかはあなたの自由ですが、その結果が過去に歩んだ道としてあなたの未来にずっとのしかかってくることを知っておいてください。

「起業家」という仕事

「孫子流」仕事えらびに取り組んでみた、就職活動も一通りやってみた、間諜として親や先生や先輩たちの話も聞いてみた、そうして自分自身についても振り返り、『彼を知り己を知る』に至った。その上で、納得できる「内定」はなく、これといって入りたい会社もない。

そう感じているあなたは、既成の就職や会社という枠や常識に収まりきらない人なのかもしれません。**「そうなんだよ！」と思ったら、自ら事業を起こし、「起業家」という仕事をえらぶことを考えてみましょう。**

そもそも、第1章で指摘したように、これからの時代は、頭を使う仕事の比重が高まりますから、就職するにせよしないにせよ、自分は「ジブン株式会社のオーナー」だと考えるべきなのです。頭脳労働をするには、どこかの会社に所属し、そこのオフィスや機械や車両を借りる必要もなく、パソコンやスマホがあれば、あとは自分の頭脳だけでOK。

あなたがその気になれば、今日からでも「起業家」として活動を開始することも可能です。頭脳労働には大してお金も必要ありませんし、会社の設立も難しいことではありませんから、いきなり会社の社長さんになっても良いですし、一人で始めてフリーランス（個人事業主）という形もあります。これも今はネットを経由したら、クラウドソーシングという立派な名前がついていて、仕事を仲介してくれるサービスも検索すればすぐに出て来ますから、自宅で始めることも可能です。**まさに「オーナー」兼「経営者」になるわけです。**

あなたは、自らが所有する会社のオーナー社長として、あなたならではの新しい価値を世の中に提供していってください。学生時代からビジネスをしているという人も大学に一人や二人はいるでしょう。そういう人に話を聞いてみるのも良いでしょうし、ネットで検索すれば事例が見つかるはずです。

ただし、「孫子流」仕事えらびとしては、『塗に由らざる所有り。軍に撃たざる所有り。城に攻めざる所有り。地に争わざる所有り。君命に受けざる所有り』（第6章）で、**先人の経験や智恵を吸収し、活かす方が、あなたの成長を加速し、勝算を高めるためには望ましいと思います。**社会人としての初期教育を受け、組織のルールや規程の存在を知り、上司や部下、部門間のコミュニケーションや障壁、対外交渉や顧客とのやり取りなどを経験してから、起業の道を選択することをおすすめはしますが、この考えが古い常識に囚われている可能性もあります（笑）。ただ、私自身も入社後数年で起業したわけですが、その経験を振り返ってみても、やはり最初の会社での経験や学んだことがその後に活かされていて、同じ年数でその中身を自分が独力で習得しようと思うとなかなか難しいように感じています。

他にもたとえば、『「キングダム」で学ぶ　乱世のリーダーシップ』（集英社）という本のご縁で、人気漫画「キングダム」の作者、原泰久《はらやすひさ》先生とお会いする機会があったのですが、先生も数年ではありますが一般企業でのサラリーマン経験があり、そこでの体験や上司との出会いが漫画を描く上でも活かされているのだそうです。漫画家さんもフリーランスで頭脳を使って「無から有」を生み出す仕事であり、アシスタントを何人も抱えれば組織を束ねる「起業家」とも言えるわけですが、やはり企業での経験や学びは大切であり、何をするにしても有効なのだなと感じたものです。

もちろん、今はネット上でのビジネスがやりやすくなり、人と会わなくても仕事ができる時代でもありますから、過去の常識に囚われる必要もありません。たとえば就活で心が折れて引きこもりそうな人や、そもそも学校も不登校状態で行ってないといった人も、単に引きこもっているよりは、人と会わずに仕事をすることを「ジブン株式会社のオーナー」として考えても良いでしょう。

中には、お金を稼ぐための仕事ということにピンと来ない人もいるかもしれません。そのような人には「社会起業家」という道もあります。社会貢献を目的とした起業です。無償のボランティアと違うのは、社会貢献活動を持続的なものにするためにそこで働く人にも給与を支払い、事業収益もあげながら活動を拡げていくという点です。自分の稼ぎは後回しにして世のため人のために生きたいという人には良いかもしれません。

従来の常識からは外れていたとしても、時代も変わり、常識も変われば、どちらが常識的なのかは分からなくなります。**そもそも人生の戦い方はいろいろあっていいのです。**

『孫子』も、

『凡《およ》そ戦《たたか》いは、正《せい》を以《もっ》て合《あ》い、奇《き》を以《もっ》て勝《か》つ。故《ゆえ》に、善《よ》く奇《き》を出《だ》す者《もの》は窮《きわ》まり無《な》きこと天《てん》地《ち》の如《ごと》く、竭《つ》きざること江《こう》河《が》の如《ごと》し』

と言っているくらいです。

戦う時には、正法によって相手と対峙し、奇法を用いて勝利を収めるものである。だから、奇法に通じた者の打つ手は天地のように無限であり、揚子江や黄河のように尽きることがない

と言うのです。

正攻法には奇策で対抗し、奇策と見せかけて正攻法で攻めるとなると、正と奇がぐるぐる循環して、戦い方ややり方は、無限にある

と言うわけです。まずは正法で企業に就職する戦法を取りつつも、奇法として起業という戦い方もあり、自ら起業してやるぞというくらいの気概を持って取り組めば、企業からも誘いが来るかもしれません。正法と奇法をぐるぐる回してみましょう。

いずれにせよ、**人生に勝ち、自分に負けない仕事えらび**をしたいですね。

終章

『怒《いか》りを以《もっ》て師《し》を興《おこ》す可《べ》からず』

一時の感情で判断しては、
人生にも、
自分にも負ける！

どんなに心が折れ、腹が立っても、一時の感情で判断してはダメ

仕事えらびはいかがでしたか？　就職活動は思うようにできましたか？　これだ！と思える仕事や会社に出会えましたか？

皆さんが、「孫子流」仕事えらびで、人生を勝利に導く素敵な仕事と会社に出会えることを「お祈り」申し上げます。

くれぐれも言っておきますが、「孫子の兵法」を学んだ以上は、**決して感情的になってしまわないようにしてください。**

私にもここで「お祈り」されて腹が立ちましたか？　不採用通知の「お祈り」メールはムカつきますよね。暑い中スーツを着て、面接官に偉そうにされたら頭に来ますよね。おまけに選考で不合格にされたり面接で落とされたりしたら、何だか人格を否定されたようにも感じたと思います。就活がイヤになって、投げやりになって、自分がダメなような気がして、人生に勝つどころか、自分に負けそうになった人も少なくないと思います。しかし、それでも一時の感情や勢いで自分の人生を投げ出すようなことを考えない

こと。

せっかく入社した会社で、軍隊のような研修を受けさせられたり、希望とは違う部署に配属されたり、すぐにキレる理不尽な上司がいたり、つまらない仕事を延々とさせられたり、嫌味で意地悪な先輩がいたり、ロクに休みもとれなかったりしたら、「辞めてやる！」と叫びたくもなりますよね。しかし**そこで、カッとなって逆ギレしたり、自分を否定して落ち込んでしまわないこと。**

「孫子の兵法」のラストは、こう締め括られます。

『主《しゅ》は怒《いか》りを以《もっ》て師《し》を興《おこ》す可《べ》からず。将《しょう》は慍《いきどお》りを以《もっ》て戦《たたか》いを致《いた》す可《べ》からず。利《り》に合《あ》えば而《すなわ》ち動《うご》き、利《り》に合《あ》わざれば而《すなわ》ち止《や》む。怒《いか》りは復《ま》た喜《よろこ》ぶ可《べ》く、慍《いきどお》りは復《ま》た悦《よろこ》ぶ可《べ》きも、亡国《ぼうこく》は以《もっ》て復《ま》た存《そん》す可《べ》からず、死者《ししゃ》は以《もっ》て復《ま》た生《い》く可《べ》からず。故《ゆえ》に明《めい》主《しゅ》は之《これ》を慎《つつし》み、良将《りょうしょう》は之《これ》を警《いまし》む。此《こ》れ国《くに》を安《やす》んじ軍《ぐん》を全《まっと》うするの道《みち》なり』

君主は、一時の感情的な怒りによって戦争を起こしてはならない。将

軍は、憤激に任せて戦闘に突入してはならない。国益に合っていれば、行動を起こし、利が無ければ思い止まるべきだ。個人的な怒りの感情はやがて収まり、喜びの感情が湧くこともあるし、一時の憤激もまた鎮まって、愉快な気分になることもあるが、亡んだ国は立て直すことができず、死んだ者を生き返らせることもできない。だから聡明な君主は軽々しく戦争を起こさず慎重であり、優れた将軍は軽率な行動を戒めるのだ。これが国家を安泰にし、軍隊を保全する方法である

と。

腹を立て、怒りに震えることがあっても、そのうち怒りは鎮まり、楽しい気分になることもあるでしょうし、長い人生の中で振り返って笑い話になることもあるでしょう。しかし、感情的になって自分の人生を投げ出したり、自暴自棄になって仕事えらびや目の前の仕事から逃げ出したら、その事実があなたの人生の道のりに刻み込まれるということを忘れないでください。

75歳まで現役で働く時代へ

これからの時代は、高齢化が進んで、75歳、人によっては80歳くらいまでは何らかの仕事をする、もしくはしなければならない時代になるでしょう。17歳の高校生も、大学生も、20代の社会人も、まだまだ勝負はこれからです。現時点で、うまく行っていても油断は禁物、うまく行っていなくても「臥薪嘗胆」でリベンジを狙うようにしましょう。

本書では、新卒での就職だけでなく、転職についても考えて来ましたが、これからは、新卒で入った会社を辞めずに定年（60歳から65歳が多い）まで勤めたとしても、そこから「セカンドキャリア」、「サードキャリア」と新たな仕事に挑戦していかなければならなくなるでしょう。

仕事えらびは、「これが天職だ」「一生かけて取り組んでいける仕事だ」と言える仕事に出会えることを目指していますが、その仕事が会社に依存してしまっていると、60歳の定年でキャリアがブチッと終わることになって、その後どうすれば良いのかと困ることになります。**会社が天職を用意してくれるわけではない**ということです。

そして、これだけ変化の激しい世の中だと、同じ会社にいたとしても、同じ仕事を続けるとは限らないことになります。大手企業だと「ジョブローテーション」と言って、あえて職種を変えて幅広い仕事を経験するようなことも行われます。かつては、その会社に定年までいることで職業人生を全うでき、老後も安心だったので、会社から与えられる仕事を頑張っていれば良かったのですが、これからはそれでは安心できません。

自分なりのキャリア、得意分野、人には負けないと言える領域をファーストキャリアで確立するだけでなく、セカンドキャリア、サードキャリアと積み重ねて行くことを考えておきましょう。それは1つの会社の中であっても、転職して新たなキャリアを作っていっても良いのですが、できれば相乗効果を生むようなキャリアになると良いと思います。

たとえば、私の場合には、ベースとなるファーストキャリアは「経営コンサルタント」です。調子の良い話に乗せられてたまたま入った会社でしたが、そこでコンサルティングの基礎を学びました。そこに私は、時代の変化に対応するべく、ＩＴ分野のセカンドキャリアをプラスしました。ＩＴの経営への活用方法を考えてみたのです。ちょうどパソコンやインターネットが普及するタイミングだったからです。そのファーストキャリアとセカンドキャリアを融合させて経営コンサルティングの内容をシステム化したら相乗効果が生まれました。さらに、これにサードキャリアとして「孫子の兵法」を研究して「孫子兵法家」を名乗っています。こちらは時代の変化に左右されないものです。「孫子の兵法」を経営コンサルティングに応用し、その内容をシステム化することで、より独自性が高まることになります。３つのキャリア（得意分野）が掛け算になって相乗効果が増幅されるのです。

「経営コンサルタント」は、世の中にたくさんいます。

ＩＴの分野で仕事をしている人は、それこそたくさんいます。

「孫子の兵法」に詳しい人も、中国文学の先生とか古典の研究家など結構います。

しかし、この３つを同時にやっている人はほとんどいません。それぞれの道が中途半端になっては良くないですが、このように相乗効果を生めるようなセカンドキャリア、サードキャリアを積み重ねていくと、より独自性が高まるわけですから、仕事の依頼も増えるでしょうし、商品を作ったり販売するのにも評価されやすいでしょう。そのようになると、会社に依存する必要もなくなり、定年や老後を心配することなく、70歳だろうと75歳だろうと80歳だろうと、身体が動いて頭がしっかりしていれば、楽しく仕事を続けることができるようになります。

そして、今後は１００歳まで寿命が延びるだろうと予測されるくらいですから、90歳、１００歳と生きても安心なようにしっかり蓄えもしておきたいですね。歳をとっても仕事ができるというのは健康寿命を延ばすことにもつながるでしょうし、それで収入があれば、周囲や社会に迷惑をかけることも少なくなるでしょう。

『人を致して人に致されず』「オーナー」として人生に勝て！

大切なことは、「ジブン株式会社のオーナー」として仕事に対して自律的かつ自発的に取り組み、人生に勝つことです。**その人生はあなた自身が作るのです。**自分自身の行動が足元の地面となり、あなたの歩いた後に続く道になります。**自分の人生は自分で作っていて、その責任も自分自身にあるということです。**

会社も国もあてにはならないのだから、周囲や環境に依存して、不平不満や愚痴を言って過ごすのではなく、自ら活躍できる場を求め、独自の得意領域を作っていきましょう。

「孫子の兵法」を著した孫武自身も、生まれた斉国ではなく、呉国に移って出番を作り、後世に名を残したわけです。紀元前のことなので、どのような事情や経緯があったのかは分かりませんが、生まれ故郷の斉では出番を与えてもらえなかったのでしょう。それでふてくされて「斉はダメだ」「斉には俺の力を認めてくれる人がいない」と周囲のせいにしていたら、どれほど力があっても、そこで終わっていたでしょう。

読者の皆さんが活躍される時代には、孫武が斉ではなく呉で活躍したように、日本は人口減少などで出番がなくなり、海外に活躍の場を求めて行かざるを得ないことになるかもしれません。その時に「日本はダメだ」「日本では俺のことを認めてくれない」なんて愚痴っていないようにしたいですね。

自分の人生を自分で作り、その責任も自分が負う。この自覚と覚悟を持つことこそが自立した大人の在り方です。自分の責任で自分なりの自分らしい人生を生きましょう。「孫子の兵法」、『人を致して人に致されず』（第7章）を実践するのです。仕事も人生も自分の思うように動かし、決して他人から強制されたり、そうせざるを得ない状況に追い込まれたりしない生き方を目指すべきなのです。

フランスの哲学者アランは『幸福論』の中で**「どのような仕事も自分が支配する限りは愉快であるが、支配される限りは不愉快である」**と述べています。そうなのです。その通りだと思います。これを孫子流に言うと**『人を致して人に致されず』**です。

時代も洋の東西も問わず、自分の意思で自分の思うように仕事をすれば大変な仕事であっても楽しむことができ、どんなに楽で簡単な仕事であっても、人に命じられてやらされるとつらくて苦しいものになってしまうのです。

おわりに

最後までお読みいただきありがとうございます。

私は、読者の皆さんの父親世代ですので、ちょっと親父の説教くさくなっていないか、皆さんが説教くさく感じていないかと心配しています。

しかし、今から2500年も前の「孫子の兵法」が、現代の仕事や就職にも活かせるように、50代になった親父の言うことにも参考になることがあるはずです。父親に相談する代わりに本書を読むのも良し。お父さんと一緒に読んで本書をネタに議論してみても良し。もちろん、お母さんでも良し。

是非、多くの若い人たちに読んでもらいたいし、「孫子の兵法」にも親しんでもらいたいと思っています。

私は「経営コンサルタント」という仕事を選んだので、若い時から常に年上の経営者と接して来ました。若造がベテランにアドバイスしたりするわけですが、若造の言うことはなかなか聞いてもらえません。そこで「孫子の兵法」を勉強して、「私が言っているのではなく、『孫子』が言っていますよ」と『孫子』のせいにしてアドバイスを伝えたのです。これがうまく行きました。若造の言うことは聞きたくないけど、2500年も前のものなら素直に聞けたのでしょうね。それが「孫子兵法家」のスタートです。

『孫子』のような古典は、若い人に敬遠されがちなのですが、私は若い人にこそ勉強してもらい、活用してもらいたいと思っています。本書が、読者の皆さんの仕事えらびや就職活動に「孫子の兵法」を注入し、人生を自分の思うように作っていくことに役立つのと同時に、『孫子』を知るきっかけになり、皆さんが『孫子』をさらに研究して、これからの仕事にも応用してくれるようになると嬉しいなと思います。年長者を説得し、『人を致す』には最高の武器になります。


そして、「孫子兵法家」を名乗って、「人生に勝ち、自分に負けない」などと偉そうなことを言っているお前は、人生に勝ったと言えるのかと疑問に思う人もいるのではないかと心配もしています。

私は、誰も知らないような小さな経営コンサルティング会社に新卒で入社し、同じ大学の同期は知っている限り全員が一部上場企業に入社しました。その時点で第三者が見たら、「長尾は負け組だな」と思ったかもしれませんが、私は（多少聞いていた話とは違っていましたが……）自ら選んでその会社に入りましたから、負けているなんて思ったことはないし、今となっては、そのような会社に入ったからこそ今があると思っています。勝ったか負けたかは自分がどのように感じるかという問題であって他人と比較することではないし、棺桶に片足を突っ込んだところで最終決着なのでまだどう転ぶかは分かりません。しかし、現時点では勝っているつもりでいます。

同期で、一部上場企業に就職した友人たちも30年も経つと、転職した人もいれば、一番の出世頭だという人もいれば、子会社に出向している人もいたりしてバラバラで、中には会社が倒産してしまった人もいます。大手企業で良かったという人もいるし、せっかく大手企業に入ったけれども……という人もいます。

この歳になると同窓会も増えて来るのですが、高校や中学の同級生は、さらに多様な人生です。楽しそうにやっている人もいれば、大変そうな人もいたりします。こうして父親世代のオジサンたちは、自分自身の経験もあり、友人知人、多くの仕事関係の出会いがあって、若い人よりも仕事や人生の事例をたくさん持っています。オジサンたちの話も「孫子の兵法」と併せて参考にしてみてください。

ただし、大切なことは、自分が自分の人生をどのように思うか。他人と比較して勝った負けた、上だ下だと言いたいのではなく、「人それぞれ、自分の人生に勝ち、自分に負けないよう」にしたいのだということは忘れずに。

２５００年の時を超えた珠玉の智恵が詰まっている「孫子の兵法」を、あなたの人生を勝利に導くために活用してください。

孫子兵法家　長尾一洋

[参考文献]

『孫子』　浅野裕一著　講談社学術文庫
『新訂　孫子』　金谷治訳注　岩波文庫
『戦略論大系① 孫子』　杉之尾宜生編著　芙蓉書房出版
『幸福論』　アラン著　白井健三郎訳　集英社文庫
『アラン　幸福論』　神谷幹夫訳　岩波文庫
『「キングダム」で学ぶ 乱世のリーダーシップ』　原泰久原作　長尾一洋著　集英社
『仕事で大切なことは孫子の兵法がぜんぶ教えてくれる』　長尾一洋著　KADOKAWA

「孫子《そんし》の兵法《へいほう》」で勝《か》つ仕事《しごと》えらび!!

――戦《たたか》わずしてつかむ、就職《しゅうしょく》・転職《てんしょく》・起業《きぎょう》――

2017年12月10日 第1刷発行

著　者　長尾一洋《ながおかずひろ》

発行者　茨木政彦

発行所　株式会社 集英社
〒101-8050 東京都千代田区一ツ橋2-5-10
電話 編集部 03-3230-6141
読者係 03-3230-6080
販売部 03-3230-6393（書店専用）

印刷所　凸版印刷株式会社

製本所　ナショナル製本協同組合

ISBN978-4-08-786089-4　C0095